우리나라 수학과 교육과정에서 초등학교 수학 내용은 '수와 연산', '도형', '측정', '규칙성', '자료와 가능성'의 5개 영역으로 구성되는데, 우리가 이 교재에서 다룰 영역은 '규칙성'입니다.

수학은 전통적으로 수와 도형에 관한 학문으로 인식되어 왔지만, '패턴은 수학의 본질이며 수학을 표현하는 언어이다'라고 말한 수학자 Sandefur & Camp의 말에서 알 수 있듯이 패턴(규칙성)은 수학의 주제들을 연결하는 하나의 중요한 핵심 개념입니다.

생활 주변이나 여러 현상에서 찾을 수 있는 규칙 찾기나 두 양 사이의 대응 관계, 비와 비율 개념과 비례적 사고 개발 등의 규칙성과 관련된 수학적 내용들은 실생활의 복잡한 문제를 해결하는 데 매우 유용하며 다양한 현상 탐구와 함수 개념의 기초가 되고 추론 능력을 기르는 데에도 큰 도움이 됩니다.

그럼에도 규칙성은 학교교육에서 주어지는 학습량이 다른 영역에 비해 상대적으로 많이 부족한 것처럼 보입니다. 교육과정에서 규칙성을 독립 단원으로 많이 다루기보다는 특정 영역이 아닌 모든 영역에서 필요할 때 패턴을 녹여서 폭넓게 다루고 있기 때문입니다.

기탄영역별수학–규칙성편은 학교교육에서 상대적으로 부족해 보이는 규칙성 영역의 핵심적 내용들을 집중적으로 체계 있게 다루어 아이들이 규칙성이라는 수학적 탐구 방법을 통해 문제를 쉽게 해결하고 중등 상위 단계(함수 등)로 자연스럽게 개념을 연결할 수 있도록 구성하였습니다.

아이들이 학습하는 동안 자연스럽게 수학적 탐구 방법으로써의 패턴(규칙성)을 이해하고 발전시켜 나갈 수 있도록 구성하였습니다.

수학을 잘하기 위해서는 문제의 패턴을 찾는 능력이 매우 중요합니다.

그런데 이렇게 중요한 패턴 관련 학습이 앞에서 말한 것처럼 학교교육에서 상대적으로 부족해 보이는 이유는 초등수학 교과서에 독립된 규칙성 단원이 매우 적기 때문입니다. 현재 초등수학 교과서 총 71개 단원 중 규칙성을 독립적으로 다룬 단원은 6개 단원에 불과합니다. 규칙성을 독립 단원으로 다루기에는 패턴 관련 활동의 다양성이 부족하기도 하고, 또 규칙성이 수학적 주제라기보다 수학 활동의 과정에 가깝기 때문입니다.

그럼에도 불구하고 우리 아이들은 패턴을 충분히 다루어 보아야 합니다. 문제해결 과정에 가까운 패턴을 굳이 독립 단원으로도 다루었다는 건 그만큼 그 내용이 수학적 탐구 방법으로써 중요하고 다음 단계로 나아가기 위해 꼭 필요하기 때문입니다.

기탄영역별수학–규칙성편은 이 6개 단원의 패턴 관련 활동을 분석하여 아이들이 학습하는 동안 자연스럽게 수학적 탐구 방법으로써 규칙성을 발전시켜 나갈 수 있도록 구성하였습니다.

집중적이고 체계적인 패턴 학습을 통해 문제해결력을 ~~~~~~~~~~~~~~~~~~ 시켜 상위 단계(함수 등)나 다른 영역으로 연결하~~~~~~~~~~~~~~~~~~ 였습니다.

반복 패턴 □★□□★□□★□……에서 반복되는 부분이 □★□임을 찾아내면 20번째 에는 어떤 모양이 올지 추론이 가능한 것처럼 패턴 학습을 할 때 먼저 패턴의 구조를 분석 하는 활동은 매우 중요합니다.

또, □가 1, 2, 3, 4……로 변할 때, △는 2, 4, 6, 8……로 변한다면 △가 □의 2배임을 추론할 수 있는 것처럼 두 양 사이의 관계를 탐색하는 활동은 나중에 함수적 사고로 연결되는 중요한 활동입니다.

패턴 학습에는 수학 내용들과 연계되는 이런 중요한 활동들이 많이 필요합니다.

기탄영역별수학–규칙성편을 통해 이런 활동들을 집중적이고 체계적으로 학습해 나가는 동안 문제해결력과 추론 능력이 길러지고 함수 같은 상위 개념의 학습으로 아이가 가진 개념 맵(map)이 자연스럽게 확장될 수 있습니다.

# 이 책의 구성

## 본 학습

제목을 통해 이번 차시에서 학습해야 할
내용이 무엇인지 짚어 보고, 그것을 익히기
위한 최적화된 연습문제를 반복해서
집중적으로 풀어 볼 수 있습니다.

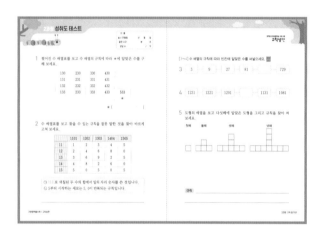

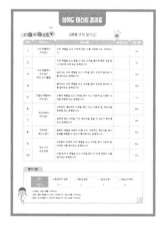

## 성취도 테스트

성취도 테스트는 본문에서 집중 연습한 내용을 최종적으로 한번 더 확인해 보는 문제들로 구성되어 있습니다.
성취도 테스트를 풀어 본 후, 결과표에 내가 맞은 문제인지 틀린 문제인지 체크를 해가며 각각의 문항을 통해
성취해야 할 학습목표와 학습내용을 짚어 보고, 성취된 부분과 부족한 부분이 무엇인지 확인합니다.

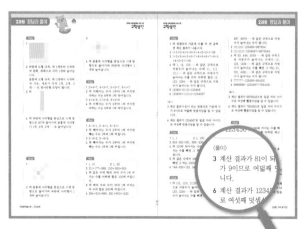

## 정답과 풀이

차시별 정답 확인 후 제시된 풀이를 통해
올바른 문제 풀이 방법을 확인합니다.

기탄 **영역별수학**
**규칙성편**

**2과정**
**규칙 찾기(2)**

# 차례

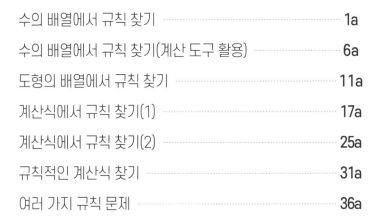

# 수의 배열에서 규칙 찾기

| 이름 | | |
| --- | --- | --- |
| 날짜 | 월 | 일 |
| 시간 | : ~ : | |

##  수의 배열에서 규칙 찾기 ①

✧ 수 배열표를 보고 물음에 답하세요.

| 101 | 111 | 121 | 131 | 141 |
| --- | --- | --- | --- | --- |
| 201 | 211 | 221 | 231 | 241 |
| 301 | 311 | 321 | 331 | 341 |
| 401 | 411 | 421 | 431 | 441 |
| 501 | 511 | 521 | 531 | 541 |

**1** 가로(→)에서 규칙을 찾아보세요.

규칙  가로(→)는 오른쪽으로 [  ]씩 커집니다.

**2** 세로(↓)에서 규칙을 찾아보세요.

규칙  세로(↓)는 아래쪽으로 [  ]씩 커집니다.

**3** ↘ 방향에서 규칙을 찾아보세요.

규칙  ↘ 방향으로 [  ]씩 커집니다.

🐚 수 배열표를 보고 물음에 답하세요.

| 501 | 601 | 701 | 801 | 901 |
|-----|-----|-----|-----|-----|
| 511 | 611 | 711 | 811 | 911 |
| 521 | 621 | 721 | 821 | 921 |
| 531 | 631 | 731 | 831 | 931 |
| 541 | 641 | 741 | 841 | 941 |

4  가로(→)에서 규칙을 찾아 써 보세요.

규칙 _____

5  세로(↓)에서 규칙을 찾아 써 보세요.

규칙 _____

6  ↙ 방향에서 규칙을 찾아 써 보세요.

규칙 _____

# 수의 배열에서 규칙 찾기

| 이름 | | |
|---|---|---|
| 날짜 | 월 | 일 |
| 시간 | : ~ : | |

### 수의 배열에서 규칙 찾기 ②

수 배열표를 보고 물음에 답하세요.

| 2001 | 2101 | 2201 | 2301 | 2401 |
|---|---|---|---|---|
| 3001 | 3101 | 3201 | 3301 | 3401 |
| 4001 | 4101 | 4201 | 4301 | 4401 |
| 5001 | 5101 | 5201 | 5301 | 5401 |
| 6001 | 6101 | 6201 | 6301 | 6401 |

**1** □로 표시된 칸에서 규칙을 찾아보세요.

규칙 6001부터 시작하여 오른쪽으로 [ ]씩 커집니다.

**2** □로 표시된 칸에서 규칙을 찾아보세요.

규칙 2201부터 시작하여 아래쪽으로 [ ]씩 커집니다.

**3** 로 색칠된 칸에서 규칙을 찾아보세요.

규칙 2001부터 시작하여 ＼ 방향으로 [ ]씩 커집니다.

수 배열표를 보고 물음에 답하세요.

| 3241 | 3242 | 3243 | 3244 | 3245 |
|------|------|------|------|------|
| 3341 | 3342 | 3343 | 3344 | 3345 |
| 3441 | 3442 | 3443 | 3444 | 3445 |
| 3541 | 3542 | 3543 | 3544 | 3545 |
| 3641 | 3642 | 3643 | 3644 | 3645 |

**4** ☐로 표시된 칸에서 규칙을 찾아 써 보세요.

규칙 _____

**5** ☐로 표시된 칸에서 규칙을 찾아 써 보세요.

규칙 _____

**6** 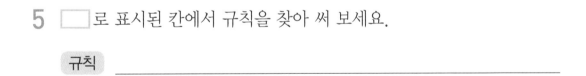 로 색칠된 칸에서 규칙을 찾아 써 보세요.

규칙 _____

# 수의 배열에서 규칙 찾기

| 이름 | | |
|---|---|---|
| 날짜 | 월 | 일 |
| 시간 | : ~ : | |

### 수의 배열에서 규칙에 맞는 수 구하기 ①

좌석표의 수의 배열을 보고 물음에 답하세요.

| A1 | A2 | A3 | A4 | A5 | A6 | A7 |
|---|---|---|---|---|---|---|
| B1 | B2 | B3 | B4 | B5 | B6 | B7 |
| C1 | C2 | C3 | C4 | C5 | ● | C7 |
| D1 | D2 | ■ | D4 | D5 | D6 | D7 |

**1** 　로 색칠된 칸에서 규칙을 찾아보세요.

　규칙　A3부터 시작하여 아래쪽으로 A, B, C, ☐ 의 순서대로 바뀌고 수 ☐ 은 그대로입니다.

**2** ☐ 로 표시된 칸에서 규칙을 찾아보세요.

　규칙　C1부터 시작하여 오른쪽으로 알파벳 C는 그대로이고 수만 ☐ 씩 커집니다.

**3** ■, ●에 알맞은 좌석 번호는 각각 무엇인가요?

■ ( 　　　　　　 )

● ( 　　　　　　 )

수 배열표를 보고 물음에 답하세요.

| 2304 | 2314 | 2324 | 2334 | 2344 | 2354 | 2364 |
| 3304 | 3314 | 3324 | 3334 | ● | 3354 | 3364 |
| 4304 | 4314 | 4324 | 4334 | 4344 | 4354 | 4364 |
| ★ | 5314 | 5324 | 5334 | 5344 | 5354 | 5364 |

4 □로 표시된 칸에서 규칙을 찾아 써 보세요.

규칙 _____

5 □로 표시된 칸에서 규칙을 찾아 써 보세요.

규칙 _____

6 ★, ●에 알맞은 수는 각각 무엇인가요?

★ (          )

● (          )

# 4a 수의 배열에서 규칙 찾기

이름
날짜　　　월　　　일
시간　　：　～　：

🐟 수의 배열에서 규칙에 맞는 수 구하기 ②

🐚 수의 배열에서 규칙을 찾아 쓰고, ●, ▲에 알맞은 수를 구해 보세요.

**1**

| 210 | 310 | 410 | 510 | ● | 710 | 810 |

규칙　예 210부터 시작하여 오른쪽으로 100씩 커집니다

●（　　　　610　　　　）

**2**

| 1004 | ▲ | 1006 | 1007 | 1008 | 1009 | 1010 |

규칙　_____

▲（　　　　　　　　）

**3**

| 3050 | 4050 | 5050 | ● | 7050 | 8050 | ▲ |

규칙　_____

●（　　　　　　　），▲（　　　　　　　）

**4**

| 7285 | 7275 | 7265 | ● | 7245 | 7235 | 7225 |
|------|------|------|---|------|------|------|

규칙 _____

● (               )

**5**

| 가1 | 가2 | ● | 가4 | 가5 | 가6 | ▲ |
|-----|-----|---|-----|-----|-----|---|

규칙 _____

● (         ), ▲ (         )

**6**

| A11 | ● | C11 | D11 | E11 | ▲ | G11 |
|-----|---|-----|-----|-----|---|-----|

규칙 _____

● (         ), ▲ (         )

# 수의 배열에서 규칙 찾기

| 이름 | | |
|---|---|---|
| 날짜 | 월 | 일 |
| 시간 | : ~ : | |

🐟 수의 배열에서 규칙에 맞는 수 구하기 ③

[1~2] 찢어진 수 배열표를 보고 물음에 답하세요.

| 150 | 151 | 152 | 153 | 154 | 155 |
|---|---|---|---|---|---|
| 250 | 251 | 252 | 253 | 254 | |
| 350 | 351 | 352 | 353 | 354 | |
| 450 | 451 | 452 | ■ | | |
| 550 | 551 | | | | |

**1** 로 색칠된 칸에서 규칙을 찾아 써 보세요.

규칙 _____

**2** ■에 알맞은 수는 무엇인가요?

■ (       )

**3** 찢어진 수 배열표를 보고 ★에 알맞은 수를 구해 보세요.

| 2721 | 2722 | 2723 | 2724 | 2725 | 2726 |
|---|---|---|---|---|---|
| 3721 | 3722 | 3723 | 3724 | 3725 | 3726 |
| 4721 | 4722 | 4723 | 4724 | 4725 | 4726 |
| | | 5723 | 5724 | | ★ |

★ (       )

🐚 찢어진 수 배열표를 보고 물음에 답하세요.

| 1092 | 1093 | 1094 | 1095 | 1096 |
|------|------|------|------|------|
| 1192 | 1193 | 1194 | 1195 | 1196 |
| 1292 | 1293 | 1294 | 1295 | 1296 |
| 1392 | 1393 | 1394 | 1395 | 1396 |
| 1492 | 1493 | 1494 | 1495 | 1496 |

4 조건을 만족하는 규칙적인 수의 배열을 찾아 색칠해 보세요.

> **조건**
> • 가장 작은 수는 1092입니다.
> • ↘ 방향으로 다음 수는 앞의 수보다 101씩 커집니다.

5 수 배열의 규칙에 따라 ●에 알맞은 수를 구해 보세요.

●(                    )

# 6a

## 수의 배열에서 규칙 찾기(계산 도구 활용)

이름

날짜　　　월　　　일

시간　　　:　～　:

🐟 수의 배열에서 규칙 찾기 ①

🐚 수 배열표를 보고 물음에 답하세요.

전자계산기 등의 계산 도구(🖩)를 사용하여 생각한 규칙이 맞는지 확인해 보세요.

| 40 | 42 | 44 | 46 | 48 |
|------|------|------|------|------|
| 140 | 142 | 144 | 146 | 148 |
| 340 | 342 | 344 | 346 | 348 |
| 640 | 642 | 644 | 646 | 648 |
| 1040 | 1042 | 1044 | 1046 | 1048 |

**1** 가로(→)에서 규칙을 찾아보세요.

규칙 가로(→)는 오른쪽으로 ☐ 씩 커집니다.

**2** 세로(↓)에서 규칙을 찾아보세요.

규칙 세로(↓)는 아래쪽으로 100, ☐ , ☐ ……씩 커집니다.

**3** ↘ 방향에서 규칙을 찾아보세요.

규칙 ↘ 방향으로 102, ☐ , ☐ ……씩 커집니다.

🐚 수 배열표를 보고 물음에 답하세요. 🖩

| 25 | 225 | 425 | 625 | 825 |
|----|-----|-----|-----|-----|
| 26 | 226 | 426 | 626 | 826 |
| 27 | 227 | 427 | 627 | 827 |
| 28 | 228 | 428 | 628 | 828 |
| 29 | 229 | 429 | 629 | 829 |

4 ▬로 칠해진 수에서 규칙을 찾아 써 보세요.

규칙 _____

5 ▬로 칠해진 수에서 규칙을 찾아 써 보세요.

규칙 _____

6 ▬로 칠해진 수에서 규칙을 찾아 써 보세요.

규칙 _____

# 7a

## 수의 배열에서 규칙 찾기(계산 도구 활용)

이름

날짜　　　월　　　일

시간　　：　～　：

### 🐟 수의 배열에서 규칙 찾기 ②

**1** 수 배열표를 보고 찾을 수 있는 규칙을 틀리게 말한 사람을 찾아 이름을 쓰고 이유를 써 보세요. 🖩

|  | 101 | 102 | 103 | 104 | 105 |
|---|---|---|---|---|---|
| 11 | 1 | 2 | 3 | 4 | 5 |
| 12 | 2 | 4 | 6 | 8 | 0 |
| 13 | 3 | 6 | 9 | 2 | 5 |
| 14 | 4 | 8 | 2 | 6 | 0 |
| 15 | 5 | 0 | 5 | 0 | 5 |

민철: 5부터 시작하는 가로는 5, 0이 반복되는 규칙이야.

혁준: 로 색칠된 두 수의 곱에서 일의 자리 숫자를 쓴 규칙이야.

지혜: 2부터 시작하는 세로는 2씩 커지고 8 다음에 10이 오는 규칙이야.

| 이름 | 이유 |
|---|---|
|  |  |
|  |  |

영역별 반복집중학습 프로그램
**규칙성편**

**2** 수 배열표를 보고 찾을 수 있는 규칙을 틀리게 말한 사람을 찾아 이름을 쓰고 이유를 써 보세요.

|  | 1201 | 1302 | 1403 | 1504 | 1605 |
|---|---|---|---|---|---|
| 34 | 5 | 6 | 7 | 8 | 9 |
| 35 | 6 | 7 | 8 | 9 | 0 |
| 36 | 7 | 8 | 9 | 0 | 1 |
| 37 | 8 | 9 | 0 | 1 | 2 |
| 38 | 9 | 0 | 1 | 2 | 3 |

민철
↘ 방향에는 모두 같은 수가 있어.

혁준
가로(→), 세로(↓) 방향으로 1씩 커지고 9 다음에는 0, 1, 2……가 오게 돼.

지혜
로 색칠된 두 수의 합에서 일의 자리 숫자를 쓴 규칙이야.

| 이름 | 이유 |
|---|---|
|  |  |

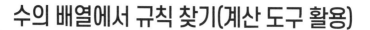
# 수의 배열에서 규칙 찾기(계산 도구 활용)

이름

날짜      월      일

시간      :  ~  :

🐟 수의 배열에서 규칙에 맞는 수 구하기 ①

🐚 찢어진 수 배열표를 보고 물음에 답하세요. 🖩

| 131 | 133 | 135 | 137 | 139 |
|------|------|------|------|------|
| 231 | 233 | 235 | 237 | 239 |
| 431 | 433 | 435 | 437 | |
| 731 | 733 | 735 | ● | |
| 1131 | 1133 | | | |

**1** ☐로 표시된 칸에서 규칙을 찾아 써 보세요.

규칙 _____

**2** ●에 알맞은 수를 구해 보세요.

● (                    )

**3**    로 색칠된 칸에서 규칙을 찾아 써 보세요.

규칙 _____

🐚 찢어진 수 배열표를 보고 물음에 답하세요.

| 51 | 61 | 81 | 111 | |
|----|----|----|-----|----|
| 53 | 63 | 83 | 113 | |
| 55 | 65 | 85 | 115 | |
| 57 | 67 | 87 | 117 | |
| 59 | 69 | 89 | ● | ★ |

**4** ▨로 색칠된 칸에서 규칙을 찾아 쓰고, ●에 알맞은 수를 구해 보세요.

규칙 _____

●(             )

**5** ☐로 표시된 칸에서 규칙을 찾아 써 보세요.

규칙 _____

**6** ★에 알맞은 수를 구해 보세요.

★(             )

# 수의 배열에서 규칙 찾기(계산 도구 활용)

이름
날짜　　월　　일
시간　　:　~　:

🐟 수의 배열에서 규칙에 맞는 수 구하기 ②

수 배열표를 보고 물음에 답하세요. 🖩

| 1 | 4 | 7 | 10 | 13 | 16 |
|---|---|---|---|---|---|
| 17 | 20 | 23 | 26 | 29 | 32 |
| 33 | 36 | 39 | 42 | 45 | 48 |
| 49 | 52 | 55 | 58 | 61 | 64 |
| 65 | 68 | 71 | 74 | 77 | ● |
| 81 | 84 | 87 | 90 | ■ | 96 |

**1** 규칙을 잘못 말한 친구의 이름을 쓰고, 바르게 고쳐 보세요.

수정: ■로 색칠된 칸은 1부터 시작하여 오른쪽으로 4씩 커지는 규칙이야.

희준: □로 표시된 칸은 1부터 시작하여 아래쪽으로 16씩 커지는 규칙이야.

| 이름 | 규칙 |
|---|---|
|  |  |

**2** ●, ■에 알맞은 수를 구해 보세요.

● ( 　　　 ), ■ ( 　　　 )

수 배열표를 보고 물음에 답하세요. 📱

|    | 201 | 202 | 203 | 204 | 205 |
|----|-----|-----|-----|-----|-----|
| 12 | 2   | 4   | 6   | 8   | 0   |
| 13 | 3   | 6   | 9   | 2   | 5   |
| 14 | 4   | 8   | 2   | 6   | 0   |
| 15 | 5   | 0   | 5   | ●   | 5   |
| 16 | 6   | ■   | 8   | 4   | 0   |

3 규칙을 잘못 말한 친구의 이름을 쓰고, 바르게 고쳐 보세요.

로 색칠된
두 수의 곱을 구해서
일의 자리 숫자를 쓴
규칙이야.

4부터 시작하는
세로는 2씩 커지고
8 다음에는 10, 12, 14
……가 오게 돼.

수정          희준

| 이름 | 규칙 |
|------|------|
|      |      |
|      |      |

4 ●, ■에 알맞은 수를 구해 보세요.

● (                    ), ■ (                    )

# 10a

## 수의 배열에서 규칙 찾기(계산 도구 활용)

| 이름 | |
|---|---|
| 날짜 | 월 일 |
| 시간 | : ~ : |

🐟 수의 배열에서 규칙에 맞는 수 구하기 ③

🐚 수 배열의 규칙에 따라 빈칸에 알맞은 수를 써넣으세요. 🖩

1

34 46 58 70 82 

2
1 ▷ 2 ▷ 4 ▷ ▷ 16 ▷ 32

3

3004 3014 3034 3064 3154

4

4 12 36 108 972

**5**

| 401 | 391 | 371 | 341 | 301 | |

**6**

| 2125 | 2225 | 2425 | 2725 | | 3625 |

**7**

| 256 | | 64 | 32 | 16 | 8 |

**8**

| 729 | 243 | 81 | 27 | | 3 |

오른쪽으로 갈수록 수의 크기가 증가하면
덧셈, 곱셈을, 수의 크기가 감소하면 뺄셈,
나눗셈을 활용하는 규칙을 생각해 봅니다.

# 도형의 배열에서 규칙 찾기

| 이름 | |
|---|---|
| 날짜 | 월 일 |
| 시간 | : ~ : |

🐟 ㄴ자 모양의 배열에서 규칙 찾기

🐚 도형의 배열을 보고 물음에 답하세요.

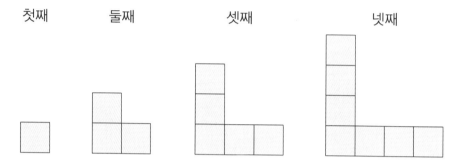

첫째     둘째     셋째     넷째

**1** 다섯째에 알맞은 도형에 ◯표 하세요.

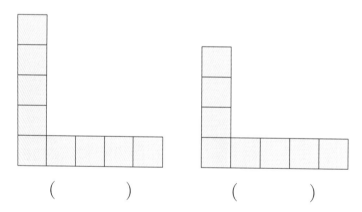

(        )        (        )

**2** 도형의 배열에서 규칙을 찾아 써 보세요.

| 규칙 | 에 사각형 1개에서 시작하여 오른쪽과 위쪽으로 각각 1개씩 |
|---|---|

늘어납니다.

〰️ 도형의 배열을 보고 물음에 답하세요.

첫째　　　　둘째　　　　셋째　　　　넷째

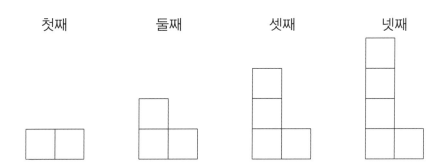

**3** 다섯째에 알맞은 도형에 ◯표 하세요.

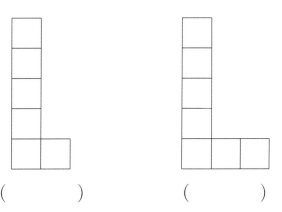

　　　( 　　　 )　　　　　( 　　　 )

**4** 도형의 배열에서 규칙을 찾아 써 보세요.

규칙 _____

_____

# 도형의 배열에서 규칙 찾기

| 이름 | |
| --- | --- |
| 날짜 | 월    일 |
| 시간 | :  ~  : |

### 사각형 모양의 배열에서 규칙 찾기

도형의 배열을 보고 물음에 답하세요.

| 첫째 | 둘째 | 셋째 | 넷째 |
| --- | --- | --- | --- |

**1** 다섯째에 알맞은 도형을 그려 보세요.

**2** 도형의 배열에서 규칙을 찾아 써 보세요.

규칙 _____

_____

영역별 반복집중학습 프로그램
**규칙성편**

도형의 배열을 보고 물음에 답하세요.

첫째       둘째       셋째       넷째

**3** 다섯째에 알맞은 도형을 그려 보세요.

**4** 도형의 배열에서 규칙을 찾아 써 보세요.

규칙 _____

_____

# 13a

## 도형의 배열에서 규칙 찾기

이름

날짜　　　월　　　일

시간　　:　~　:

🐟 ╋자 모양의 배열에서 규칙 찾기

🐚 도형의 배열을 보고 물음에 답하세요.

첫째　　　　둘째　　　　　　　셋째

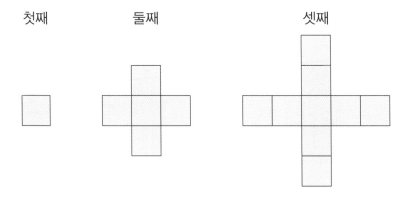

1 넷째에 알맞은 도형을 그려 보세요.

2 도형의 배열에서 규칙을 찾아 써 보세요.

규칙 _____

_____

 도형의 배열을 보고 물음에 답하세요.

첫째　　둘째　　　　셋째　　　　　　넷째

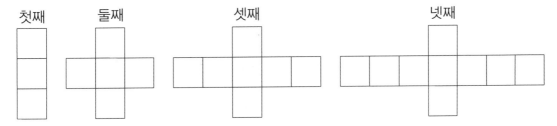

**3** 다섯째에 알맞은 도형을 그려 보세요.

**4** 도형의 배열에서 규칙을 찾아 써 보세요.

규칙 _____

_____

# 도형의 배열에서 규칙 찾기

| 이름 | | |
| --- | --- | --- |
| 날짜 | 월 | 일 |
| 시간 | : ~ : | |

🐟 계단 모양의 배열에서 규칙 찾기

🐚 도형의 배열을 보고 물음에 답하세요.

첫째     둘째     셋째     넷째

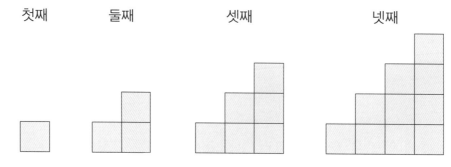

**1** 다섯째에 알맞은 도형을 그려 보세요.

**2** 도형의 배열에서 규칙을 찾아 써 보세요.

규칙 _____

_____

도형의 배열을 보고 물음에 답하세요.

첫째      둘째      셋째      넷째

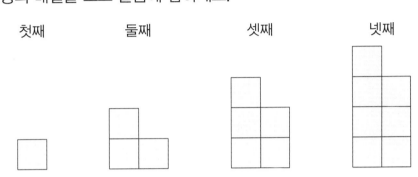

3 다섯째에 알맞은 도형을 그려 보세요.

4 도형의 배열에서 규칙을 찾아 써 보세요.

규칙 _____

_____

# 도형의 배열에서 규칙 찾기

이름

날짜          월          일

시간      :    ~    :

### 두 가지 색의 도형 배열에서 규칙 찾기 ①

도형의 배열을 보고 물음에 답하세요.

첫째          둘째          셋째          넷째

1  다섯째에 알맞은 도형을 그려 보세요.

2  도형의 배열에서 규칙을 찾아 써 보세요.

파란색 도형 규칙 _____

_____

분홍색 도형 규칙 _____

_____

✎ 도형의 배열을 보고 물음에 답하세요.

첫째　　　　둘째　　　　셋째　　　　　넷째

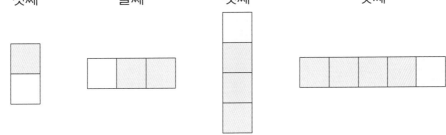

**3** 다섯째에 알맞은 도형을 그려 보세요.

**4** 도형의 배열에서 규칙을 찾아 써 보세요.

규칙 _____

_____

# 16a

## 도형의 배열에서 규칙 찾기

| 이름 | | |
|---|---|---|
| 날짜 | 월 | 일 |
| 시간 | : ~ : | |

🐟 두 가지 색의 도형 배열에서 규칙 찾기 ②

🐚 도형의 배열을 보고 물음에 답하세요.

첫째 　　　　　 둘째 　　　　　 셋째

넷째 　　　　　 다섯째 　　　　　 여섯째

1  다섯째에 알맞은 도형을 그려 보세요.

2  도형의 배열에서 규칙을 찾아 써 보세요.

규칙 _____

_____

영역별 반복집중학습 프로그램
**규칙성편**

🐚 도형의 배열을 보고 물음에 답하세요.

| 첫째 | 둘째 | 셋째 |
|---|---|---|
|  |  |  |

| 넷째 | 다섯째 | 여섯째 |
|---|---|---|
|  |  |  |

**3** 다섯째에 알맞은 도형을 그려 보세요.

**4** 도형의 배열에서 규칙을 찾아 써 보세요.

규칙 _____

_____

# 계산식에서 규칙 찾기(1)

이름

날짜      월      일

시간      :    ~    :

🐟 주사위 눈의 수의 조합으로 덧셈식 만들기

🐚 주사위 2개를 굴려서 나온 눈의 수의 합이 7이 되는 덧셈식을 만들고 규칙을 찾아보려고 합니다. 물음에 답하세요.

**1** 계산 결과가 7이 되는 덧셈식을 만들어 보세요.

덧셈식($\Box + \triangle = \bigcirc$)

$1 + 6 = 7$

$2 + 5 = 7$

**2** 만든 덧셈식에서 규칙을 찾아 써 보세요.

규칙  예 더해지는 수가 1부터 1씩 커지면 더하는 수는 6부터 1씩

작아집니다.

주사위 2개를 굴려서 나온 눈의 수의 합이 8이 되는 덧셈식을 만들고 규칙을 찾아보려고 합니다. 물음에 답하세요.

3 계산 결과가 8이 되는 덧셈식을 만들어 보세요.

덧셈식($\square + \triangle = \bigcirc$)

$2+6=8$

$3+5=8$

4 만든 덧셈식에서 규칙을 찾아 써 보세요.

규칙 _____

_____

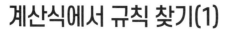

# 계산식에서 규칙 찾기(1)

 주사위 눈의 수의 조합으로 뺄셈식 만들기

주사위 2개를 굴려서 나온 눈의 수의 차가 1이 되는 뺄셈식을 만들고 규칙을 찾아보려고 합니다. 물음에 답하세요.

**1** 계산 결과가 1이 되는 뺄셈식을 만들어 보세요.

| 뺄셈식($\square - \triangle = \bigcirc$) |
|---|
| $2-1=1$ |
| $3-2=1$ |
| |
| |
| |

**2** 만든 뺄셈식에서 규칙을 찾아 써 보세요.

규칙 _____

_____

주사위 2개를 굴려서 나온 눈의 수의 차가 2가 되는 뺄셈식을 만들고 규칙을 찾아보려고 합니다. 물음에 답하세요.

**3** 계산 결과가 2가 되는 뺄셈식을 만들어 보세요.

| 뺄셈식($\square - \triangle = \bigcirc$) |
| :---: |
| $3 - 1 = 2$ |
| $4 - 2 = 2$ |

**4** 만든 뺄셈식에서 규칙을 찾아 써 보세요.

규칙 _____

_____

# 계산식에서 규칙 찾기(1)

## 덧셈식에서 규칙 찾기 ①

계산식을 보고 물음에 답하세요.

ㄱ

$211+127=338$
$211+137=348$
$211+147=358$
$211+157=368$
$211+167=378$
?

ㄴ

$103+302=405$
$113+312=425$
$123+322=445$
$133+332=465$
$143+342=485$
?

**1** ㄱ의 규칙을 찾아 ☐ 안에 알맞은 수를 써넣으세요.

규칙　같은 수에 십의 자리 수가 [　]씩 커지는 수를 더하면 합은

[　]씩 커집니다.

**2** ㄴ의 규칙을 찾아 ☐ 안에 알맞은 수를 써넣으세요.

규칙　십의 자리 수가 각각 [　]씩 커지는 두 수의 합은 [　]씩 커

집니다.

**3** ㄱ, ㄴ의 다음에 올 계산식을 각각 써 보세요.

ㄱ (　　　　　　　　　　　　　　　　)

ㄴ (　　　　　　　　　　　　　　　　)

계산식을 보고 물음에 답하세요.

ㄱ

$$284+115=399$$
$$284+215=499$$
$$284+315=599$$
$$284+415=699$$
$$284+515=799$$
?

ㄴ

$$321+102=423$$
$$421+202=623$$
$$521+302=823$$
$$621+402=1023$$
$$721+502=1223$$
?

**4** ㄱ의 규칙을 찾아 써 보세요.

규칙 _____

_____

**5** ㄴ의 규칙을 찾아 써 보세요.

규칙 _____

_____

**6** ㄱ, ㄴ의 다음에 올 계산식을 각각 써 보세요.

ㄱ (                          )

ㄴ (                          )

# 20a

## 계산식에서 규칙 찾기(1)

| 이름 | | |
|---|---|---|
| 날짜 | 월 | 일 |
| 시간 | : ~ : | |

🐟 **덧셈식에서 규칙 찾기 ②**

🐚 규칙적인 계산식을 보고 물음에 답하세요.

| 순서 | 계산식 |
|---|---|
| 첫째 | $1+2+1=4$ |
| 둘째 | $1+2+3+2+1=9$ |
| 셋째 | $1+2+3+4+3+2+1=16$ |
| 넷째 | $1+2+3+4+5+4+3+2+1=25$ |
| 다섯째 | |

**1** 어떤 규칙이 있는지 찾아 써 보세요.

> **규칙** 예 덧셈식의 가운데 수를 두 번 곱하면 계산 결과가 나옵니다.

_____

**2** 다섯째 계산식을 써 보세요.

_____

**3** 규칙에 따라 계산 결과가 81이 되는 계산식을 써 보세요.

_____

규칙적인 계산식을 보고 물음에 답하세요.

| 순서 | 계산식 |
|------|--------|
| 첫째 | $1+11=12$ |
| 둘째 | $12+111=123$ |
| 셋째 | $123+1111=1234$ |
| 넷째 | $1234+11111=12345$ |
| 다섯째 | |

4  어떤 규칙이 있는지 찾아 써 보세요

　규칙　_____

_____

5  다섯째 계산식을 써 보세요.

_____

6  규칙에 따라 계산 결과가 1234567이 되는 계산식을 써 보세요.

_____

# 계산식에서 규칙 찾기(1)

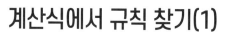 빨셈식에서 규칙 찾기 ①

🔶 계산식을 보고 물음에 답하세요.

ㄱ
$$452-121=331$$
$$552-221=331$$
$$652-321=331$$
$$752-421=331$$
$$852-521=331$$
?

ㄴ
$$895-230=665$$
$$795-230=565$$
$$695-230=465$$
$$595-230=365$$
$$495-230=265$$
?

**1** ㄱ의 규칙을 찾아 ☐ 안에 알맞은 수를 써넣으세요.

규칙 백의 자리 수가 ☐씩 커지는 수에서 똑같이 백의 자리 수가

☐씩 커지는 수를 빼면 두 수의 차는 항상 일정합니다.

**2** ㄴ의 규칙을 찾아 ☐ 안에 알맞은 수를 써넣으세요.

규칙 백의 자리 수가 ☐씩 작아지는 수에서 같은 수를 빼면 차는

☐씩 작아집니다.

**3** ㄱ, ㄴ의 다음에 올 계산식을 각각 써 보세요.

ㄱ (                                    )

ㄴ (                                    )

◯◯ 계산식을 보고 물음에 답하세요.

ㄱ

$$1248 - 125 = 1123$$
$$1148 - 225 = 923$$
$$1048 - 325 = 723$$
$$948 - 425 = 523$$
$$848 - 525 = 323$$
?

ㄴ

$$14000 - 6000 = 8000$$
$$14000 - 7000 = 7000$$
$$14000 - 8000 = 6000$$
$$14000 - 9000 = 5000$$
$$14000 - 10000 = 4000$$
?

**4** ㄱ의 규칙을 찾아 써 보세요.

규칙 _____

_____

**5** ㄴ의 규칙을 찾아 써 보세요.

규칙 _____

_____

**6** ㄱ, ㄴ의 다음에 올 계산식을 각각 써 보세요.

ㄱ (                      )

ㄴ (                      )

# 계산식에서 규칙 찾기(1)

 뺄셈식에서 규칙 찾기 ②

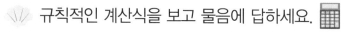 규칙적인 계산식을 보고 물음에 답하세요.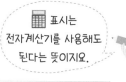

표시는 전자계산기를 사용해도 된다는 뜻이지요.

| 순서 | 계산식 |
|---|---|
| 첫째 | $110 - 12 = 98$ |
| 둘째 | $1110 - 123 = 987$ |
| 셋째 | $11110 - 1234 = 9876$ |
| 넷째 | $111110 - 12345 = 98765$ |
| 다섯째 | |

**1** 어떤 규칙이 있는지 찾아 써 보세요.

규칙　예 110, 1110, 11110……과 같은 규칙으로 자릿수가 늘어나는 수

에서 12, 123, 1234……와 같은 규칙으로 자릿수가 늘어나는 수를 빼면 그

값은 98, 987, 9876……과 같은 규칙으로 자릿수가 늘어나는 순서 됩니다.

**2** 다섯째 계산식을 써 보세요.

_____

**3** 규칙에 따라 계산 결과가 9876543이 되는 계산식을 써 보세요.

_____

〰️ 규칙적인 계산식을 보고 물음에 답하세요. 🖩

| 순서 | 계산식 |
|------|--------|
| 첫째 | $33-12=21$ |
| 둘째 | $444-123=321$ |
| 셋째 | $5555-1234=4321$ |
| 넷째 | $66666-12345=54321$ |
| 다섯째 | |

4 어떤 규칙이 있는지 찾아 써 보세요

규칙 _____

_____

5 다섯째 계산식을 써 보세요.

_____

6 규칙에 따라 계산 결과가 7654321이 되는 계산식을 써 보세요.

_____

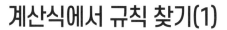

## 계산식에서 규칙 찾기(1)

🐟 덧셈, 뺄셈이 섞인 식에서 규칙 찾기

🐚 규칙적인 계산식을 보고 물음에 답하세요.

| 순서 | 계산식 |
| --- | --- |
| 첫째 | $900-400+100=600$ |
| 둘째 | $900-500+300=700$ |
| 셋째 | $900-600+500=800$ |
| 넷째 | $900-700+700=900$ |
| 다섯째 | |

**1** 어떤 규칙이 있는지 찾아 써 보세요.

규칙  900 같은 수에서 100씩 커지는 수를 빼고, 200씩 커지는 수를 더하면 계산 결과는 100씩 커집니다.

**2** 다섯째 계산식을 써 보세요.

_____

**3** 규칙에 따라 계산 결과가 1100이 되는 계산식을 써 보세요.

_____

🔆 규칙적인 계산식을 보고 물음에 답하세요. 🖩

| 순서 | 계산식 |
|------|--------|
| 첫째 | $1+1-1=1$ |
| 둘째 | $2+2-1=3$ |
| 셋째 | $3+3-1=5$ |
| 넷째 | $4+4-1=7$ |
| 다섯째 | |

4 어떤 규칙이 있는지 찾아 써 보세요

규칙 _____

_____

5 다섯째 계산식을 써 보세요.

_____

6 규칙에 따라 계산 결과가 13이 되는 계산식을 써 보세요.

_____

# 계산식에서 규칙 찾기(1)

이름

날짜        월        일

시간     :    ~    :

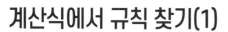 설명에 맞는 계산식 찾기

 다음 중 설명에 맞는 계산식을 찾아 기호를 써 보세요.

| ㉠ | ㉡ | ㉢ | ㉣ |
|---|---|---|---|
| 405＋104＝509 | 125＋410＝535 | 816－603＝213 | 748－641＝107 |
| 405＋124＝529 | 225＋410＝635 | 826－613＝213 | 748－541＝207 |
| 405＋144＝549 | 325＋410＝735 | 836－623＝213 | 748－441＝307 |
| 405＋164＝569 | 425＋410＝835 | 846－633＝213 | 748－341＝407 |

**1** 같은 자리의 수가 똑같이 커지는 두 수의 차는 항상 일정합니다.

(           )

**2** 같은 수에 20씩 커지는 수를 더하면 그 합도 20씩 커집니다.

(           )

**3** 같은 수에서 100씩 작아지는 수를 빼면 그 차는 100씩 커집니다.

(           )

 다음 중 설명에 맞는 계산식을 찾아 기호를 써 보세요. 🖩

| ㉠ | ㉡ | ㉢ | ㉣ |
|---|---|---|---|
| $645+112=757$ | $907-205=702$ | $150+30=180$ | $880-320=560$ |
| $545+212=757$ | $917-215=702$ | $150+130=280$ | $870-320=550$ |
| $445+312=757$ | $927-225=702$ | $150+230=380$ | $860-320=540$ |
| $345+412=757$ | $937-235=702$ | $150+330=480$ | $850-320=530$ |

**4** 십의 자리 수가 각각 1씩 커지는 두 수의 차는 항상 일정합니다.

(         )

**5** 10씩 작아지는 수에서 같은 수를 빼면 그 차도 10씩 작아집니다.

(         )

**6** 다음에 올 계산식은 $245+512=757$일 것입니다.

(         )

# 계산식에서 규칙 찾기(2)

| 이름 | | |
|---|---|---|
| 날짜 | 월 | 일 |
| 시간 | : ~ : | |

## 곱셈식에서 규칙 찾기 ①

계산식을 보고 물음에 답하세요.

ㄱ
$$11 \times 10 = 110$$
$$11 \times 20 = 220$$
$$11 \times 30 = 330$$
$$11 \times 40 = 440$$
$$11 \times 50 = 550$$
?

ㄴ
$$11 \times 101 = 1111$$
$$22 \times 101 = 2222$$
$$33 \times 101 = 3333$$
$$44 \times 101 = 4444$$
$$55 \times 101 = 5555$$
?

**1** ㄱ의 규칙을 찾아 ☐ 안에 알맞은 수를 써넣으세요.

규칙 ☐ 에 10씩 커지는 수를 곱하면 두 수의 곱은 ☐ 씩 커집니다.

**2** ㄴ의 규칙을 찾아 ☐ 안에 알맞은 수를 써넣으세요.

규칙 십의 자리 수와 일의 자리 수가 같은 두 자리 수에 ☐ 을 곱하면 곱해지는 수와 같은 수들로 이루어진 네 자리 수가 나옵니다.

**3** ㄱ, ㄴ의 다음에 올 계산식을 각각 써 보세요.

ㄱ (                    )

ㄴ (                    )

계산식을 보고 물음에 답하세요. 🖩

ㄱ

$100 \times 6 = 600$
$200 \times 6 = 1200$
$300 \times 6 = 1800$
$400 \times 6 = 2400$
$500 \times 6 = 3000$
?

ㄴ

$11 \times 11 = 121$
$11 \times 22 = 242$
$11 \times 33 = 363$
$11 \times 44 = 484$
$11 \times 55 = 605$
?

4  ㄱ의 규칙을 찾아 써 보세요.

규칙   예 100의 자리는 수에 6을 곱하면 두 수의 곱은 600씩 커집니

다.

5  ㄴ의 규칙을 찾아 써 보세요.

규칙

6  ㄱ, ㄴ의 다음에 올 계산식을 각각 써 보세요.

ㄱ ( )

ㄴ ( )

# 계산식에서 규칙 찾기(2)

| 이름 | | |
|---|---|---|
| 날짜 | 월 | 일 |
| 시간 | : ~ : | |

### 곱셈식에서 규칙 찾기 ②

규칙적인 계산식을 보고 물음에 답하세요.

| 순서 | 계산식 |
|---|---|
| 첫째 | $1 \times 1 = 1$ |
| 둘째 | $11 \times 11 = 121$ |
| 셋째 | $111 \times 111 = 12321$ |
| 넷째 | $1111 \times 1111 = 1234321$ |
| 다섯째 | |

**1** 어떤 규칙이 있는지 찾아 써 보세요.

규칙  예 1, 11, 111······과 같이 1이 1개씩 늘어나는 수를 두 번 곱한 결과

는 1, 121, 12321······과 같이 가운데를 중심으로 접으면 같은 수가 만납니다.

**2** 다섯째 계산식을 써 보세요.

**3** 규칙에 따라 계산 결과가 12345654321이 되는 계산식을 써 보세요.

영역별 반복집중학습 프로그램
**규칙성편**

규칙적인 계산식을 보고 물음에 답하세요. 🖩

| 순서 | 계산식 |
|------|--------|
| 첫째 | $12 \times 9 = 108$ |
| 둘째 | $112 \times 9 = 1008$ |
| 셋째 | $1112 \times 9 = 10008$ |
| 넷째 | $11112 \times 9 = 100008$ |
| 다섯째 | |

4 어떤 규칙이 있는지 찾아 써 보세요

규칙 _____

_____

5 다섯째 계산식을 써 보세요.

_____

6 규칙에 따라 계산 결과가 100000008이 되는 계산식을 써 보세요.

_____

# 계산식에서 규칙 찾기(2)

이름

날짜　　　　월　　　일

시간　　:　~　:

🐟 **나눗셈식에서 규칙 찾기 ①**

🐚 계산식을 보고 물음에 답하세요. 🔢

ㄱ

$$990 \div 90 = 11$$
$$880 \div 80 = 11$$
$$770 \div 70 = 11$$
$$660 \div 60 = 11$$
$$550 \div 50 = 11$$
?

ㄴ

$$90 \div 18 = 5$$
$$180 \div 18 = 10$$
$$270 \div 18 = 15$$
$$360 \div 18 = 20$$
$$450 \div 18 = 25$$
?

**1** ㄱ의 규칙을 찾아 ☐ 안에 알맞은 수를 써넣으세요.

규칙 990부터 ☐ 씩 작아지는 수를 90부터 ☐ 씩 작아지는

수로 나눈 몫은 11로 일정합니다.

**2** ㄴ의 규칙을 찾아 ☐ 안에 알맞은 수를 써넣으세요.

규칙 나누어지는 수가 90부터 ☐ 씩 커지는 수일 때, 그 나누어

지는 수를 18로 나누면 몫은 ☐ 씩 커집니다.

**3** ㄱ, ㄴ의 다음에 올 계산식을 각각 써 보세요.

ㄱ (　　　　　　　　　　　　　)

ㄴ (　　　　　　　　　　　　　)

영역별 반복집중학습 프로그램
**규칙성편**

계산식을 보고 물음에 답하세요. 🖩

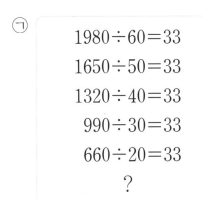

ㄱ
$1980 \div 60 = 33$
$1650 \div 50 = 33$
$1320 \div 40 = 33$
$990 \div 30 = 33$
$660 \div 20 = 33$
?

ㄴ
$111 \div 3 = 37$
$222 \div 6 = 37$
$333 \div 9 = 37$
$444 \div 12 = 37$
$555 \div 15 = 37$
?

4 ㄱ의 규칙을 찾아 써 보세요.

규칙 _____

_____

5 ㄴ의 규칙을 찾아 써 보세요.

규칙 _____

_____

6 ㄱ, ㄴ의 다음에 올 계산식을 각각 써 보세요.

ㄱ (                              )

ㄴ (                              )

# 계산식에서 규칙 찾기(2)

| 이름 | | |
|---|---|---|
| 날짜 | 월 | 일 |
| 시간 | : ~ : | |

## 🐟 나눗셈식에서 규칙 찾기 ②

🐚 규칙적인 계산식을 보고 물음에 답하세요. ▦

| 순서 | 계산식 |
|---|---|
| 첫째 | 63÷7=9 |
| 둘째 | 693÷7=99 |
| 셋째 | 6993÷7=999 |
| 넷째 | 69993÷7=9999 |
| 다섯째 | |

**1** 어떤 규칙이 있는지 찾아 써 보세요.

> **규칙** 예 63, 693, 6993……과 같은 규칙으로 자릿수가 늘어나는 수를 7로 나
>
> 누면 그 몫은 9, 99, 999……와 같은 규칙으로 자릿수가 늘어나는 수가 됩니다.

**2** 다섯째 계산식을 써 보세요.

_____

**3** 규칙에 따라 계산 결과가 999999가 되는 계산식을 써 보세요.

_____

🐚 규칙적인 계산식을 보고 물음에 답하세요. 🧮

| 순서 | 계산식 |
|------|--------|
| 첫째 | $11 \div 11 = 1$ |
| 둘째 | $1111 \div 11 = 101$ |
| 셋째 | $111111 \div 11 = 10101$ |
| 넷째 | $11111111 \div 11 = 1010101$ |
| 다섯째 | |

4 어떤 규칙이 있는지 찾아 써 보세요

규칙 _____

_____

5 다섯째 계산식을 써 보세요.

_____

6 규칙에 따라 계산 결과가 10101010101이 되는 계산식을 써 보세요.

_____

# 계산식에서 규칙 찾기(2)

이름

날짜          월          일

시간       :    ~    :

🐟 여러 셈이 섞인 식에서 규칙 찾기

🐚 규칙적인 계산식을 보고 물음에 답하세요. 🖩

| 순서 | 계산식 |
|------|--------|
| 첫째 | $1+3=2\times2$ |
| 둘째 | $1+3+5=3\times3$ |
| 셋째 | $1+3+5+7=4\times4$ |
| 넷째 | $1+3+5+7+9=5\times5$ |
| 다섯째 | |

**1** 어떤 규칙이 있는지 찾아 써 보세요.

> **규칙** 예 1부터 시작하는 홀수를 차례로 2개, 3개, 4개……씩 더하면
>
> 그 합은 더하는 홀수의 개수를 2번 곱한 수가 됩니다.

**2** 다섯째 계산식을 써 보세요.

_____

**3** 규칙에 따라 오른쪽 계산식이 $8\times8$이 될 때의 왼쪽 계산식을 써 보세요.

_____

규칙적인 계산식을 보고 물음에 답하세요.

| 순서 | 계산식 |
|------|--------|
| 첫째 | $9 \times 9 = 88 - 7$ |
| 둘째 | $98 \times 9 = 888 - 6$ |
| 셋째 | $987 \times 9 = 8888 - 5$ |
| 넷째 | $9876 \times 9 = 88888 - 4$ |
| 다섯째 | |

4  어떤 규칙이 있는지 찾아 써 보세요

규칙  _____

_____

5  다섯째 계산식을 써 보세요.

_____

6  규칙에 따라 왼쪽 계산식이 $9876543 \times 9$일 때, 오른쪽 계산식을 써 보세요.

_____

# 계산식에서 규칙 찾기(2)

 설명에 맞는 계산식 찾기 ②

다음 중 설명에 맞는 계산식을 찾아 기호를 써 보세요.

| ㉠ | ㉡ | ㉢ | ㉣ |
|---|---|---|---|
| $20 \times 11 = 220$ | $2 \times 55 = 110$ | $1011 \div 3 = 337$ | $1111 \div 101 = 11$ |
| $20 \times 22 = 440$ | $4 \times 55 = 220$ | $2022 \div 6 = 337$ | $2222 \div 101 = 22$ |
| $20 \times 33 = 660$ | $6 \times 55 = 330$ | $3033 \div 9 = 337$ | $3333 \div 101 = 33$ |
| $20 \times 44 = 880$ | $8 \times 55 = 440$ | $4044 \div 12 = 337$ | $4444 \div 101 = 44$ |

**1** ▲▲▲▲인 네 자리 수를 101로 나누면 ▲▲가 됩니다.

( )

**2** 다음에 올 계산식은 $10 \times 55 = 550$일 것입니다.

( )

**3** ■0■■를 $3 \times$ ■로 나누면 337이 됩니다.

( )

다음 중 설명에 맞는 계산식을 찾아 기호를 써 보세요.

ㄱ

$50 \times 11 = 550$
$60 \times 11 = 660$
$70 \times 11 = 770$
$80 \times 11 = 880$

ㄴ

$121 \div 11 = 11$
$242 \div 22 = 11$
$363 \div 33 = 11$
$484 \div 44 = 11$

ㄷ

$10 \times 33 = 330$
$20 \times 33 = 660$
$30 \times 33 = 990$
$40 \times 33 = 1320$

ㄹ

$140 \div 14 = 10$
$210 \div 14 = 15$
$280 \div 14 = 20$
$350 \div 14 = 25$

**4** 140부터 70씩 커지는 수를 14로 나누면 몫은 5씩 커집니다.

(          )

**5** 10부터 10씩 커지는 수에 33을 곱하면 두 수의 곱은 330씩 커집니다.

(          )

**6** 121부터 121씩 커지는 수를 11, 22, 33, 44……로 나누면 몫은 11이 됩니다.

(          )

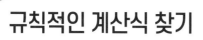

# 규칙적인 계산식 찾기

🐟 수 배열표에서 규칙적인 계산식 찾기

🐚 수 배열표를 보고 물음에 답하세요.

| 111 | 113 | 115 | 117 | 119 | 121 | 123 |
|---|---|---|---|---|---|---|
| 112 | 114 | 116 | 118 | 120 | 122 | 124 |

**1** 빈칸에 알맞은 식을 써넣으세요.

$$111+114=112+113$$
$$113+116=114+115$$
$$115+118=116+117$$

<br>

<br>

**2** 빈칸에 알맞은 수를 써넣으세요.

$$111+113+115=113\times\boxed{\phantom{0}}$$

$$113+115+117=115\times\boxed{\phantom{0}}$$

$$115+117+119=117\times\boxed{\phantom{0}}$$

$$117+119+121=\boxed{\phantom{0}}\times3$$

〰️ 수 배열표를 보고 물음에 답하세요.

| 41 | 42 | 43 | 44 | 45 |
|----|----|----|----|----|
| 46 | 47 | 48 | 49 | 50 |
| 51 | 52 | 53 | 54 | 55 |

3  빈칸에 알맞은 식을 써넣으세요.

$$46+52=47+51$$
$$47+53=48+52$$
$$48+54=49+53$$

$$\boxed{\phantom{xxxxxxxxxxxxxxxxxxxx}}$$

4  색칠된 ↙ 방향의 수 배열을 보고 빈칸에 알맞은 수를 써넣으세요.

$$43+47+51=47\times\boxed{\phantom{x}}$$

$$44+48+52=48\times\boxed{\phantom{x}}$$

$$45+49+53=\boxed{\phantom{x}}\times3$$

## 규칙적인 계산식 찾기

이름

날짜        월        일

시간      :    ~    :

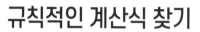

### 달력에서 규칙적인 계산식 찾기

[1~2] 달력의 ☐ 안에 있는 수의 배열을 보고 물음에 답하세요.

| | | | ■월 | | | |
|---|---|---|---|---|---|---|
| 일 | 월 | 화 | 수 | 목 | 금 | 토 |
| 1 | 2 | 3 | 4 | 5 | 6 | 7 |
| 8 | 9 | 10 | 11 | 12 | 13 | 14 |
| 15 | 16 | 17 | 18 | 19 | 20 | 21 |
| 22 | 23 | 24 | 25 | 26 | 27 | 28 |
| 29 | 30 | | | | | |

**1** 수의 가로 배열에서 규칙적인 계산식을 찾아 써 보세요.

예 $8+9+10=9\times3$, $9+10+11=10\times3$, $10+11+12=11\times3$

**2** 수의 세로 배열에서 규칙적인 계산식을 찾아 써 보세요.

**3** 달력의 색칠된 ↘ 방향에서 규칙적인 계산식을 찾아 빈칸에 알맞은 수를 써넣으세요.

■월

| 일 | 월 | 화 | 수 | 목 | 금 | 토 |
|----|----|----|----|----|----|----|
|    |    |    | 1  | 2  | 3  | 4  |
| 5  | 6  | 7  | 8  | 9  | 10 | 11 |
| 12 | 13 | 14 | 15 | 16 | 17 | 18 |
| 19 | 20 | 21 | 22 | 23 | 24 | 25 |
| 26 | 27 | 28 | 29 | 30 | 31 |    |

| 규칙1 | 규칙2 |
|-------|-------|
| $5+21=13\times\boxed{\phantom{0}}$ | $5+13=21-\boxed{\phantom{0}}$ |
| $\boxed{\phantom{0}}+22=14\times2$ | $6+\boxed{\phantom{0}}=22-2$ |
| $7+\boxed{\phantom{0}}=\boxed{\phantom{0}}\times\boxed{\phantom{0}}$ | $7+\boxed{\phantom{0}}=\boxed{\phantom{0}}-\boxed{\phantom{0}}$ |

**4** 달력을 보고 조건을 만족하는 수를 찾아보세요.

■월

| 일 | 월 | 화 | 수 | 목 | 금 | 토 |
|----|----|----|----|----|----|----|
|    |    |    |    |    | 1  | 2  |
| 3  | 4  | 5  | 6  | 7  | 8  | 9  |
| 10 | 11 | 12 | 13 | 14 | 15 | 16 |
| 17 | 18 | 19 | 20 | 21 | 22 | 23 |
| 24 | 25 | 26 | 27 | 28 | 29 | 30 |

조건

• ➕ 안에 있는 수 중의 하나입니다.

• ➕ 안에 있는 5개의 수의 합을 5로 나눈 몫과 같습니다.

(                    )

# 규칙적인 계산식 찾기

이름

날짜        월        일

시간      :    ~    :

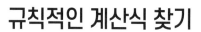 승강기 버튼에서 규칙적인 계산식 찾기

승강기 버튼의 수 배열을 보고 물음에 답하세요.

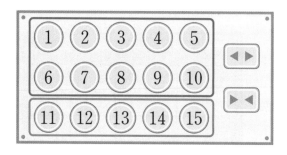

1 ⬭ 부분의 수 배열을 보고 빈칸에 알맞은 수와 식을 써넣으세요.

$$1+7=2+6$$
$$2+8=3+7$$
$$3+9=4+\boxed{\phantom{0}}$$

$$\boxed{\phantom{0000000000000000000000}}$$

2 ⬭ 부분의 수 배열을 보고 빈칸에 알맞은 수를 써넣으세요.

$$11+12+13=12\times3$$
$$12+13+14=13\times3$$
$$13+14+15=\boxed{\phantom{0}}\times3$$

영역별 반복집중학습 프로그램
**규칙성편**

✸ 승강기 버튼의 수 배열을 보고 물음에 답하세요.

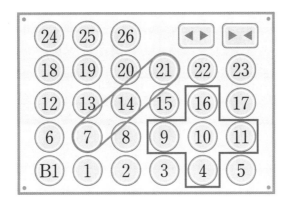

**3** 보기 와 같이 세 수를 골라 규칙적인 계산식을 만들어 보세요.

보기

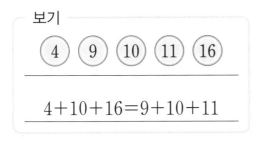

$7+14+21=14\times3$

계산식

**4** 보기 와 같이 다섯 수를 골라 규칙적인 계산식을 만들어 보세요.

보기

④ ⑨ ⑩ ⑪ ⑯

$4+10+16=9+10+11$

계산식

## 규칙적인 계산식 찾기

이름

날짜　　　월　　　일

시간　　：　～　：

● 여러 가지 수 배열에서 규칙적인 계산식 찾기

어느 아파트 무인택배함의 호수 배열을 보고 물음에 답하세요.

1 ☐ 부분의 수 배열에서 찾을 수 있는 규칙을 찾아 써 보세요.

> **규칙** 예 가로 배열에서 양옆의 두 수의 합은 가운데 수의 2배와 같
>
> 습니다.

2 ☐ 부분의 수 배열을 보고 규칙적인 계산식을 만들었습니다. 빈칸에 알맞은 수를 써넣으세요.

$$1204+1212+1220=1212\times 3$$

$$1205+1212+1219=1212\times \boxed{\phantom{0}}$$

$$1206+\boxed{\phantom{0000}}+1218=1212\times 3$$

책 번호의 배열에서 규칙을 찾아 다음에 올 계산식을 알아보려고 합니다. 물음에 답하세요.

3 빈칸에 알맞은 식을 써넣으세요.

$$410+520=420+510$$
$$420+530=430+520$$

<br>

4 빈칸에 알맞은 수를 써넣으세요.

$$310+420+530=420\times3$$
$$320+430+540=430\times3$$
$$330+440+550=\boxed{\phantom{000}}\times3$$

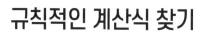

# 규칙적인 계산식 찾기

이름

날짜          월          일

시간     :     ~     :

### 주어진 규칙을 이용한 계산식 찾기

**1** 덧셈식의 규칙을 이용하여 뺄셈식을 써 보세요.

| 덧셈식 |
|---|
| $12+98=110$ |
| $123+987=1110$ |
| $1234+9876=11110$ |
| $12345+98765=111110$ |

| 뺄셈식 |
|---|
| _____ $-$ _____ $=$ _____ |
| _____ $-$ _____ $=$ _____ |
| _____ $-$ _____ $=$ _____ |
| _____ $-$ _____ $=$ _____ |

**2** 곱셈식의 규칙을 이용하여 나눗셈식을 써 보세요.

| 곱셈식 |
|---|
| $550 \times 2 = 1100$ |
| $550 \times 4 = 2200$ |
| $550 \times 6 = 3300$ |
| $550 \times 8 = 4400$ |

| 나눗셈식 |
|---|
| _____ $\div$ _____ $=$ _____ |
| _____ $\div$ _____ $=$ _____ |
| _____ $\div$ _____ $=$ _____ |
| _____ $\div$ _____ $=$ _____ |

**3** 보기 의 규칙을 이용하여 나누는 수가 3일 때의 계산식을 완성해 보세요.

보기

$2 \div 2 = 1$
$4 \div 2 \div 2 = 1$
$8 \div 2 \div 2 \div 2 = 1$
$16 \div 2 \div 2 \div 2 \div 2 = 1$

$\Rightarrow$

계산식

$3 \div 3 = 1$
$9 \div 3 \div 3 = 1$
$27 \div 3 \div 3 \div 3 = 1$
_____

**4** 보기 의 규칙을 이용하여 빼는 수가 5일 때의 계산식을 완성해 보세요.

보기

$3 - 3 = 0$
$6 - 3 - 3 = 0$
$9 - 3 - 3 - 3 = 0$
$12 - 3 - 3 - 3 - 3 = 0$

$\Rightarrow$

계산식

$5 - 5 = 0$
$10 - 5 - 5 = 0$
$15 - 5 - 5 - 5 = 0$
_____

# 여러 가지 규칙 문제

이름

날짜　　　월　　　일

시간　　:　～　:

 바둑돌 보고 규칙 찾기

🐚 바둑돌의 모양과 수의 배열을 보고 다음에 올 모양과 수를 알아보려고 합니다. 물음에 답하세요.

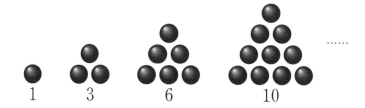

1　구하려고 하는 것은 무엇인가요?

　　예 다음에 올 바둑돌의 모양과 수

2　바둑돌의 모양에는 어떤 규칙이 있나요?

　규칙　예 바둑돌의 수가 2개, 3개, 4개……의 아래에 한 줄로 더 놓여집니다.

3　다음에 올 모양을 그리고 수를 써 보세요.

　　　　　　　　　　　　　　　　　　　　　　　　(　　　　　　　　)

바둑돌의 모양과 수의 배열을 보고 다음에 올 모양과 수를 알아보려고 합니다. 물음에 답하세요.

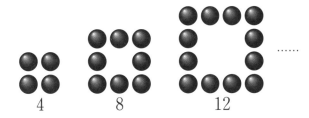

4 구하려고 하는 것은 무엇인가요?

_____

5 바둑돌의 모양에는 어떤 규칙이 있나요?

규칙 _____

_____

6 다음에 올 모양을 그리고 수를 써 보세요.

(                    )

# 여러 가지 규칙 문제

이름

날짜    월    일

시간    :  ~  :

🐟 규칙에 맞게 빈칸 채우기

[1~3] 도형 속의 수 배열을 보고 ⬭ 안에 알맞은 수를 써넣으세요.

|  |  |  | 1 |  |  |  |
|---|---|---|---|---|---|---|
|  |  | 2 | 3 | 4 |  |  |
|  | 5 | 6 | 7 | 8 | 9 |  |
| 10 | 11 | 12 | 13 | 14 | 15 | 16 |
| 17 | 18 | 19 | 20 | 21 | 22 | 23 | 24 | 25 |

**1** 1부터 시작하여 ╱ 방향에 놓인 수들은 1, 3, ☐, ☐ 씩 커집니다.

⇨ 17 다음에 올 수는 17 + ☐ = ☐ 입니다.

**2** 1부터 시작하여 ↓ 방향에 놓인 수들은 2, 4, ☐, ☐ 씩 커집니다.

⇨ 21 다음에 올 수는 21 + ☐ = ☐ 입니다.

**3** 1부터 시작하여 ╲ 방향에 놓인 수들은 3, 5, ☐, ☐ 씩 커집니다.

⇨ 25 다음에 올 수는 25 + ☐ = ☐ 입니다.

영역별 반복집중학습 프로그램
**규칙성편**

**4** 도형 속의 수 배열의 규칙을 찾아 쓰고, ★에 알맞은 수를 구해 보세요.

| 1 | | | |
|---|---|---|---|
| 2 | 3 | | |
| 4 | | 6 | |
| 7 | | | 10 |
| 11 | | | ★ |

규칙 _____

_____

(                     )

**5** 도형 속의 수 배열의 규칙을 찾아 쓰고, 빈 곳에 알맞은 수를 써넣으세요.

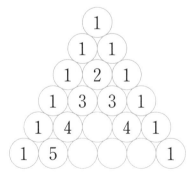

규칙 _____

_____

# 여러 가지 규칙 문제

🐟 규칙에 따라 도형 만들기

[1~2] 도형의 배열을 보고 물음에 답하세요.

첫째　　　둘째　　　　셋째　　　　　　넷째

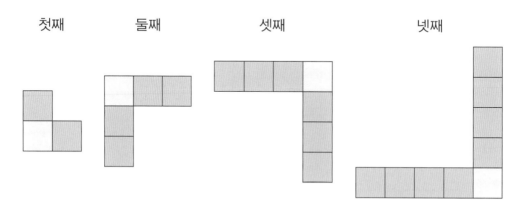

**1** 다섯째에 알맞은 도형을 그려 보세요.

**2** 도형의 배열에서 찾을 수 있는 규칙을 잘못 말한 것을 찾아 바르게 고쳐 보세요.

> ㉠ ▨ 이 2개부터 시작하여 2개씩 늘어납니다.
>
> ㉡ ☐ 을 중심으로 시계 반대 방향으로 90°만큼씩 돌립니다.

**3** 도형의 배열을 보고 다섯째에 알맞은 도형을 그려 보세요.

첫째　　둘째　　　셋째　　　　넷째　　　　　다섯째

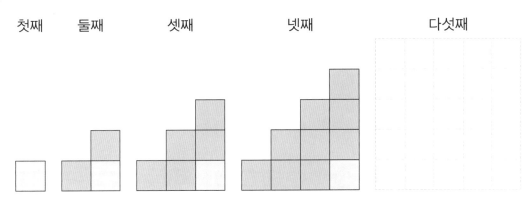

**4** 규칙에 따라 일곱째 도형에 알맞게 색칠해 보세요.

첫째　　　둘째　　　셋째　　　넷째　　　다섯째

......

일곱째

# 여러 가지 규칙 문제

| 이름 | |
|---|---|
| 날짜 | 월 일 |
| 시간 | : ~ : |

🐟 여러 가지 규칙 문제

🐚 검은색, 흰색 바둑돌에 표시된 수의 배열을 보고 물음에 답하세요.

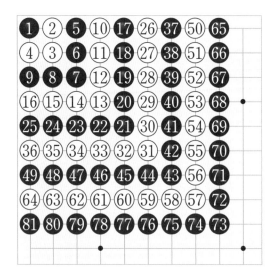

**1** 맨 윗줄의 수의 배열에서 찾은 규칙을 보고 빈칸에 알맞은 수를 쓰고, 같은 규칙으로 65 다음에 올 흰색 바둑돌의 수를 써 보세요.

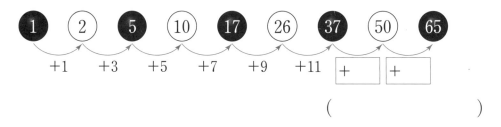

( )

**2** 1 부터 시작하는 ↘ 방향에 놓인 바둑돌에 표시된 수의 배열에서 규칙을 찾아 쓰고, 73 다음에 올 흰색 바둑돌의 수를 써 보세요.

규칙 _____

( )

영역별 반복집중학습 프로그램
**규칙성편**

〰️ 전화기 버튼의 수 배열을 보고 물음에 답하세요.

**3** ☐ 안의 수에서 규칙을 찾아 빈칸에 알맞은 수를 써넣으세요.

**규칙**

$1+5+9=$ ☐ , $3+5+$ ☐ $=15$

☐ $+5+8=15$, $4+$ ☐ $+6=15$

**4** 3번에서 찾은 규칙과 같은 규칙으로 빈칸에 알맞은 수를 써넣으세요.

| 11 | 19 | |
|----|----|----|
| | 20 | 28 |
| 13 | | 29 |

# 40a

## 여러 가지 규칙 문제

이름
날짜　　　월　　　일
시간　　:　~　:

🐟 우박수 규칙에 따라 빈칸에 알맞은 수 찾기

🐚 독일의 수학자 콜라츠 박사의 우박수 계산 규칙을 보고 빈칸에 알맞은 수를 써넣으세요.

### 콜라츠의 우박수 계산 규칙

① 자연수를 하나 고릅니다.

② 고른 수가 짝수이면 2로 나누고, 홀수이면 3을 곱한 다음 1을 더합니다.

③ ②의 과정을 반복하면 그 결과는 항상 1입니다.

예) $3 \xrightarrow{\times 3+1} 10 \xrightarrow{\div 2} 5 \xrightarrow{\times 3+1} 16 \xrightarrow{\div 2} 8 \xrightarrow{\div 2} 4 \xrightarrow{\div 2} 2 \xrightarrow{\div 2} 1$

**1**  난 14로 시작해 볼게.

| | | | | | |
|---|---|---|---|---|---|
| 14 | → | 7 | → | 22 | → |
| → | | → | 17 | → | 52 | → |
| 26 | → | 13 | → | | → |
| → | 10 | → | | → | 16 | → |
| 8 | → | | → | 2 | → | 1 |

**2**  난 15로 시작해 볼게.

| | | | | | |
|---|---|---|---|---|---|
| 15 | → | 46 | → | | → |
| → | 35 | → | 106 | → | | → |
| → | 80 | → | | → | 20 |
| → | | → | 5 | → | 16 | → |
| 8 | → | 4 | → | 2 | → | 1 |

**3** 50보다 작은 수 중 가장 긴 우박수는 27입니다. 27에서 시작하여 우박수의 계산 규칙에 따라 빈칸에 알맞은 수를 써 보세요.

27 → ☐ → ☐ → ☐ → ☐ → ☐
→ ☐ → ☐ → ☐ → ☐ → ☐ → ☐
→ ☐ → ☐ → ☐ → ☐ → ☐
→ ☐ → ☐ → ☐ → ☐ → ☐ → ☐
→ ☐ → ☐ → ☐ → ☐ → ☐
→ ☐ → ☐ → ☐ → ☐ → ☐ → ☐
→ ☐ → ☐ → ☐ → ☐ → ☐
→ ☐ → ☐ → ☐ → ☐ → ☐ → ☐
→ ☐ → ☐ → ☐ → ☐ → ☐
→ ☐ → ☐ → ☐ → ☐ → ☐ → ☐
→ ☐ → ☐ → ☐ → ☐ → ☐
→ ☐ → ☐ → ☐ → ☐ → ☐ → ☐
→ ☐ → ☐ → ☐ → ☐ → ☐
→ ☐ → ☐ → ☐ → ☐ → ☐ → ☐
→ ☐ → ☐ → ☐ → ☐ → ☐
→ ☐ → ☐ → ☐ → ☐ → ☐ → ☐
→ ☐ → ☐ → ☐ → ☐ → ☐

**다음 학습 연관표**

| 2과정 규칙 찾기(2) | → | 3과정 규칙과 대응 |

| 이 름 | | | |
|---|---|---|---|
| 실시 연월일 | 년 | 월 | 일 |
| 걸린 시간 | | 분 | 초 |
| 오답 수 | | | / 10 |

**1** 찢어진 수 배열표를 보고 수 배열의 규칙에 따라 ★에 알맞은 수를 구해 보세요.

| 130 | 230 | 330 | 430 | |
|---|---|---|---|---|
| 131 | 231 | 331 | 431 | |
| 132 | 232 | 332 | 432 | |
| 133 | 233 | 333 | 433 | 533 |
| | | | | ★ |

★ (             )

**2** 수 배열표를 보고 찾을 수 있는 규칙을 잘못 말한 것을 찾아 바르게 고쳐 보세요.

| | 1101 | 1202 | 1303 | 1404 | 1505 |
|---|---|---|---|---|---|
| 11 | 1 | 2 | 3 | 4 | 5 |
| 12 | 2 | 4 | 6 | 8 | 0 |
| 13 | 3 | 6 | 9 | 2 | 5 |
| 14 | 4 | 8 | 2 | 6 | 0 |
| 15 | 5 | 0 | 5 | 0 | 5 |

㉠      로 색칠된 두 수의 합에서 일의 자리 숫자를 쓴 것입니다.
㉡ 5부터 시작하는 세로는 5, 0이 반복되는 규칙입니다.

[3~4] 수 배열의 규칙에 따라 빈칸에 알맞은 수를 써넣으세요.

**3** | 3 | 9 | 27 | 81 | | 729 |

**4** | 1231 | 1221 | 1201 | | 1131 | 1081 |

**5** 도형의 배열을 보고 다섯째에 알맞은 도형을 그리고 규칙을 찾아 써 보세요.

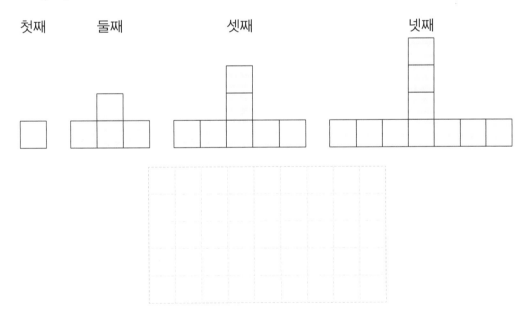

첫째   둘째   셋째   넷째

규칙 _____

_____

6 규칙적인 계산식을 보고 어떤 규칙이 있는지 알아보고 다섯째 계산식을 써 보세요.

| 순서 | 계산식 |
|---|---|
| 첫째 | $12+21=33$ |
| 둘째 | $123+321=444$ |
| 셋째 | $1234+4321=5555$ |
| 넷째 | $12345+54321=66666$ |
| 다섯째 | |

규칙 _____

다섯째 계산식: _____

7 설명에 맞는 계산식을 찾아 기호를 써 보세요.

> 100씩 작아지는 수에서 10씩 커지는 수를 빼면 그 차는 110씩 작아집니다.

ㄱ
$869-527=342$
$769-427=342$
$669-327=342$
$569-227=342$

ㄴ
$915-601=314$
$915-501=414$
$915-401=514$
$915-301=614$

ㄷ
$553-102=451$
$453-112=341$
$353-122=231$
$253-132=121$

(        )

**8** 달력을 보고 색칠한 부분에서 찾을 수 있는 계산식을 쓴 것입니다. ☐ 안에 알맞은 수를 써넣으세요.

| \_\_\_월 | | | | | | |
|---|---|---|---|---|---|---|
| 일 | 월 | 화 | 수 | 목 | 금 | 토 |
| | | | 1 | 2 | 3 | 4 |
| 5 | 6 | 7 | 8 | 9 | 10 | 11 |
| 12 | 13 | 14 | 15 | 16 | 17 | 18 |
| 19 | 20 | 21 | 22 | 23 | 24 | 25 |
| 26 | 27 | 28 | 29 | 30 | 31 | |

$1+17=9\times2,\ 3+15=9\times\boxed{\phantom{0}}$

$2+16=9\times\boxed{\phantom{0}},\ 8+10=9\times\boxed{\phantom{0}}$

$1+2+3+8+9+10+15+16+17$

$=9\times\boxed{\phantom{0}}$

**9** 바둑돌의 모양과 수의 배열을 보고 다음에 올 모양을 그리고 수를 써 보세요.

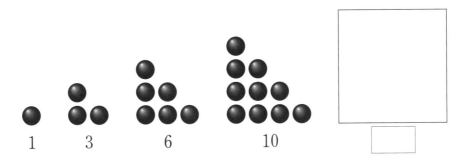

1　　3　　　6　　　　10

**10** 도형 속의 수 배열을 보고 빈 곳에 알맞은 수를 써넣으세요.

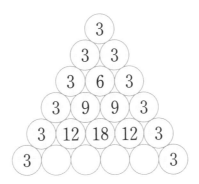

# 성취도 테스트 결과표

## 2과정 규칙 찾기(2)

| 번호 | 평가 요소 | 평가 내용 | 결과(O, X) | 관련 내용 |
|---|---|---|---|---|
| 1 | 수의 배열에서 규칙 찾기 | 수의 배열을 보고 규칙에 맞는 수를 추론해 보는 문제입니다. | | 5a |
| 2 | | 수의 배열을 보고 찾을 수 있는 규칙을 틀리게 말한 것을 찾고 바르게 고쳐 보는 문제입니다. | | 7a |
| 3 | 수의 배열에서 규칙 찾기 (계산 도구 활용) | 늘어나는 수의 배열을 보고 규칙을 찾아 빈칸에 들어갈 수를 알아보는 문제입니다. | | 10a |
| 4 | | 줄어드는 수의 배열을 보고 규칙을 찾아 빈칸에 들어갈 수를 알아보는 문제입니다. | | 10b |
| 5 | 도형의 배열에서 규칙 찾기 | 도형의 배열을 보고 규칙을 찾아 쓰고 다음에 올 도형의 모양을 추론해 보는 문제입니다. | | 11a |
| 6 | 계산식에서 규칙 찾기 | 규칙적인 계산식의 규칙을 찾아 쓰고 다음에 올 계산식을 추론해 보는 문제입니다. | | 20a |
| 7 | | 설명에 맞는 규칙을 가진 계산식을 찾을 수 있는지 확인해 보는 문제입니다. | | 24a |
| 8 | 규칙적인 계산식 찾기 | 달력의 색칠된 부분의 수를 보고 규칙적인 계산식을 찾아 문제를 해결할 수 있는지 확인해 보는 문제입니다. | | 32a |
| 9 | 여러 가지 규칙 문제 | 바둑돌의 모양과 수의 배열을 보고 규칙을 찾아 다음에 올 모양과 수를 알아보는 문제입니다. | | 36a |
| 10 | | 도형 속의 수 배열을 보고 규칙을 찾아 빈 곳에 알맞은 수를 알아보는 문제입니다. | | 37b |

## 평가 기준

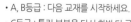

| 평가 | □ A등급(매우 잘함) | □ B등급(잘함) | □ C등급(보통) | □ D등급(부족함) |
|---|---|---|---|---|
| 오답 수 | 0~1 | 2 | 3 | 4~ |

• A, B등급 : 다음 교재를 시작하세요.

• C등급 : 틀린 부분을 다시 한번 더 공부한 후, 다음 교재를 시작하세요.

• D등급 : 본 교재를 다시 구입하여 복습한 후, 다음 교재를 시작하세요.

### 1ab

**1** 10   **2** 100   **3** 110
**4** 예 가로(→)는 오른쪽으로 100씩 커집니다.
**5** 예 세로(↓)는 아래쪽으로 10씩 커집니다.
**6** 예 ╱ 방향으로 90씩 작아집니다.

### 2ab

**1** 100   **2** 1000   **3** 1100
**4** 예 3441부터 시작하여 오른쪽으로 1씩 커집니다.
**5** 예 3245부터 시작하여 아래쪽으로 100씩 커집니다.
**6** 예 3245부터 시작하여 ╱ 방향으로 99씩 커집니다.

### 3ab

**1** D, 3   **2** 1   **3** D3, C6
**4** 예 2304부터 시작하여 아래쪽으로 1000씩 커집니다.
**5** 예 3304부터 시작하여 오른쪽으로 10씩 커집니다.
**6** 예 5304, 3344

〈풀이〉
**4** 세로는 아래쪽으로 1000씩 커지는 규칙입니다.
**5** 가로는 오른쪽으로 10씩 커지는 규칙입니다.

### 4ab

**1** 예 210부터 시작하여 오른쪽으로 100씩 커집니다. / 610
**2** 예 1004부터 시작하여 오른쪽으로 1씩 커집니다. / 1005
**3** 예 3050부터 시작하여 오른쪽으로 1000씩 커집니다. / 6050, 9050
**4** 예 7285부터 시작하여 오른쪽으로 10씩 작아집니다. / 7255
**5** 예 가1부터 시작하여 오른쪽으로 글자가는 그대로이고 수만 1씩 커집니다. / 가3, 가7
**6** 예 A11부터 시작하여 오른쪽으로 알파벳은 순서대로 바뀌고 수는 그대로입니다. / B11, F11

### 5ab

**1** 예 153부터 시작하여 아래쪽으로 100씩 커집니다.
**2** 453   **3** 5726
**4**

| 1092 | 1093 | 1094 | 1095 | 1096 |
| 1192 | 1193 | 1194 | 1195 | 1196 |
| 1292 | 1293 | 1294 | 1295 | 1296 |
| 1392 | 1393 | 1394 | 1395 | 1396 |
| 1492 | 1493 | 1494 | 1495 | 1496 |

**5** 1597

〈풀이〉
**1** 세로는 아래쪽으로 100씩 커지는 규칙이므로 로 색칠된 칸의 규칙도 아래쪽으로 100씩 커집니다.
**3** 세로는 아래쪽으로 1000씩 커지는 규칙이므로 4726 다음 수는 4726보다 1000 큰 수인 5726입니다.
**5** 1496보다 101 큰 수인 1597입니다.

## 6ab

**1** 2  **2** 200, 300
**3** 202, 302
**4** ㉞ 27부터 시작하여 오른쪽으로 200씩 커집니다.
**5** ㉞ 825부터 시작하여 아래쪽으로 1씩 커집니다.
**6** ㉞ 25부터 시작하여 ↘ 방향으로 201씩 커집니다.

## 7ab

**1** 지혜 / ㉞ 2부터 시작하는 세로는 2씩 커지고 8 다음에 0이 오는 규칙입니다.
**2** 민철 / ㉞ 모두 같은 수가 있는 방향은 ╱ 방향입니다.

## 8ab

**1** ㉞ 731부터 시작하여 오른쪽으로 2씩 커집니다.
**2** 737
**3** ㉞ 137부터 시작하여 아래쪽으로 100, 200, 300……씩 커집니다.
**4** ㉞ 111부터 시작하여 아래쪽으로 2씩 커집니다. / 119
**5** ㉞ 59부터 시작하여 오른쪽으로 10, 20, 30……씩 커집니다.
**6** 159

〈풀이〉

**2** 1번의 규칙에 따라 ●에 올 수는 735보다 2 큰 수인 737입니다.

**3** ●의 수가 737이므로 137, 237, 437, 737 사이의 규칙을 찾으면 100, 200, 300…… 씩 커집니다.

**4** ●의 수는 117보다 2 큰 수인 119입니다.

**6** ★의 수는 119보다 40 큰 수인 159입니다.

## 9ab

**1** 수정 / ㉞ 　　로 색칠된 칸은 1부터 시작하여 오른쪽으로 3씩 커지는 규칙입니다.
**2** 80, 93
**3** 희준 / ㉞ 4부터 시작하는 세로는 2씩 커지고 8 다음에는 0, 2, 4……가 오게 됩니다.
**4** 0, 2

## 10ab

| | | |
|---|---|---|
| **1** 94 | **2** 8 | **3** 3104 |
| **4** 324 | **5** 251 | **6** 3125 |
| **7** 128 | **8** 9 | |

〈풀이〉

**1** 34부터 시작하여 오른쪽으로 12씩 커집니다.

**2** 1부터 시작하여 2씩 곱한 수가 오른쪽에 옵니다.

**3** 3004부터 시작하여 오른쪽으로 10, 20, 30……씩 커집니다.

**4** 4부터 시작하여 3씩 곱한 수가 오른쪽에 옵니다.

**5** 401부터 시작하여 오른쪽으로 10, 20, 30……씩 작아지는 규칙입니다.

**6** 2125부터 시작하여 오른쪽으로 100, 200, 300……씩 커지는 규칙입니다.

**7** 256부터 시작하여 2로 나눈 수가 오른쪽에 옵니다.

**8** 729부터 시작하여 3으로 나눈 수가 오른쪽에 옵니다.

**11ab**

**1** ( ○ )(　　)
**2** 예 사각형 1개에서 시작하여 오른쪽과 위쪽으로 각각 1개씩 늘어납니다.
**3** ( ○ )(　　)
**4** 예 나란히 놓인 2개의 사각형 중 왼쪽 사각형의 위쪽으로 사각형이 1개씩 늘어납니다.

**12ab**

**1** 예

**2** 예 가로, 세로가 각각 1개씩 늘어나며 정사각형 모양이 됩니다.
**3** 예

**4** 예 가로, 세로가 각각 1개씩 늘어나며 직사각형 모양이 됩니다.

**13ab**

**1**

**2** 예 1개부터 시작하여 위쪽, 아래쪽, 오른쪽, 왼쪽으로 각각 1개씩 늘어납니다.
**3** 예

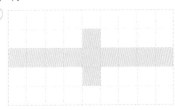

**4** 예 세로로 3개부터 시작하여 가운데 사각형의 오른쪽, 왼쪽으로 각각 1개씩 늘어납니다.

**14ab**

**1** 예

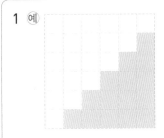

**2** 예 1개부터 시작하여 2개, 3개, 4개……씩 늘어납니다.
**3** 예

**4** 예 1개부터 시작하여  모양을 위로 쌓아갑니다.

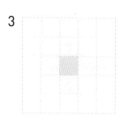

### 15ab

**1**

**2** 파란색 도형 규칙: ⑩ 1개부터 시작하여 왼쪽, 위쪽으로 각각 1개씩 늘어납니다.

분홍색 도형 규칙: ⑩ 0개에서 시작하여 가로, 세로가 각각 1개, 2개, 3개……인 정사각형 모양이 됩니다.

**3** ⑩

**4** ⑩ 파란색 사각형을 중심으로 시계 방향으로 90°씩 돌아가며 분홍색 사각형이 1개, 2개, 3개……로 늘어납니다.

### 16ab

**1**

**2** ⑩ 분홍색 사각형을 중심으로 시계 방향으로 돌아가며 파란색 사각형이 1개씩 늘어납니다.

**3**

**4** ⑩ 분홍색 사각형을 중심으로 시계 방향으로 돌아가며 파란색 사각형이 1개씩 늘어납니다.

### 17ab

**1** 3+4=7, 4+3=7, 5+2=7, 6+1=7
**2** ⑩ 더해지는 수가 1부터 1씩 커지면 더하는 수는 6부터 1씩 작아집니다.
**3** 4+4=8, 5+3=8, 6+2=8
**4** ⑩ 더해지는 수가 2부터 1씩 커지면 더하는 수는 6부터 1씩 작아집니다.

### 18ab

**1** 4-3=1, 5-4=1, 6-5=1
**2** ⑩ 빼어지는 수가 2부터 1씩 커지면 빼는 수도 1부터 1씩 커집니다.
**3** 5-3=2, 6-4=2
**4** ⑩ 빼어지는 수가 3부터 1씩 커지면 빼는 수도 1부터 1씩 커집니다.

### 19ab

**1** 1, 10         **2** 1, 20
**3** 211+177=388, 153+352=505
**4** ⑩ 같은 수에 백의 자리 수가 1씩 커지는 수를 더하면 합은 100씩 커집니다.
**5** ⑩ 백의 자리 수가 각각 1씩 커지는 두 수의 합은 200씩 커집니다.
**6** 284+615=899, 821+602=1423

**20ab**

1 예 덧셈식의 가운데 수를 두 번 곱하면 계산 결과가 나옵니다.

2 $1+2+3+4+5+6+5+4+3+2+1=36$

3 $1+2+3+4+5+6+7+8+9+8+7+6+5+4+3+2+1=81$

4 예 1, 12, 123……과 같은 규칙으로 자릿수가 늘어나는 수에 11, 111, 1111……과 같은 규칙으로 자릿수가 늘어나는 수를 각각 더하면 합은 12, 123, 1234……와 같은 규칙으로 자릿수가 늘어나는 수가 됩니다.

5 $12345+111111=123456$

6 $123456+1111111=1234567$

〈풀이〉

3 계산 결과가 81이 되는 덧셈식은 가운데 수가 9이므로 여덟째 덧셈식임을 알 수 있습니다.

6 계산 결과가 1234567로 일곱 자리 수이므로 여섯째 덧셈식임을 알 수 있습니다.

**21ab**

1 1, 1                2 1, 100

3 $952-621=331$, $395-230=165$

4 예 100씩 작아지는 수에서 100씩 커지는 수를 빼면 그 차는 200씩 작아집니다.

5 예 같은 수에서 1000씩 커지는 수를 빼면 그 차는 1000씩 작아집니다.

6 $748-625=123$, $14000-11000=3000$

**22ab**

1 예 110, 1110, 11110……과 같은 규칙으로 자릿수가 늘어나는 수에서 12, 123, 1234……와 같은 규칙으로 자릿수가 늘어나는 수를 빼면 그 차는 98,

987, 9876……과 같은 규칙으로 자릿수가 늘어나는 수가 됩니다.

2 $1111110-123456=987654$

3 $11111110-1234567=9876543$

4 예 33, 444, 5555……와 같은 규칙으로 자릿수가 늘어나는 수에서 12, 123, 1234……와 같은 규칙으로 자릿수가 늘어나는 수를 빼면 그 차는 21, 321, 4321……과 같은 규칙으로 자릿수가 늘어나는 수가 됩니다.

5 $777777-123456=654321$

6 $8888888-1234567=7654321$

〈풀이〉

3 계산 결과가 9876543으로 일곱 자리 수이므로 여섯째 뺄셈식임을 알 수 있습니다.

6 계산 결과가 7654321로 일곱 자리 수이므로 여섯째 뺄셈식임을 알 수 있습니다.

**23ab**

1 예 같은 수에서 100씩 커지는 수를 빼고, 200씩 커지는 수를 더하면 계산 결과는 100씩 커집니다.

2 $900-800+900=1000$

3 $900-900+1100=1100$

4 예 1씩 커지는 같은 수를 2번 더한 후 1을 빼면 계산 결과는 2씩 커집니다.

5 $5+5-1=9$          6 $7+7-1=13$

〈풀이〉

3 계산 결과가 1100인 계산식은 다섯째 계산 결과보다 100이 커졌으므로 여섯째 계산식임을 알 수 있습니다.

6 1 빼서 13이 되는 수는 14입니다. 2번 더해서 14가 되는 수는 7이므로 계산 결과가 13인 계산식은 일곱째 계산식임을 알 수 있습니다.

### 24ab

| | | |
|---|---|---|
| 1 ㄷ | 2 ㄱ | 3 ㄹ |
| 4 ㄴ | 5 ㄹ | 6 ㄱ |

〈풀이〉

1~3 ㄴ 100씩 커지는 수에 같은 수를 더하면 그 합도 100씩 커집니다.

4~6 ㄷ 같은 수에 100씩 커지는 수를 더하면 그 합도 100씩 커집니다.

### 25ab

1 11, 110　　　　2 101

3 11×60=660, 66×101=6666

4 예 100씩 커지는 수에 6을 곱하면 두 수의 곱은 600씩 커집니다.

5 예 11에 11, 22, 33……을 각각 곱하면 그 곱은 121씩 커집니다.

6 600×6=3600, 11×66=726

### 26ab

1 예 1, 11, 111……과 같이 1이 1개씩 늘어나는 수를 두 번 곱한 결과는 1, 121, 12321……과 같이 가운데를 중심으로 접으면 같은 수가 만납니다.

2 11111×11111=123454321

3 111111×111111=12345654321

4 예 12, 112, 1112……와 같은 규칙으로 자릿수가 늘어나는 수에 9를 곱하면 그 곱은 108, 1008, 10008……과 같은 규칙으로 자릿수가 늘어나는 수가 됩니다.

5 111112×9=1000008

6 11111112×9=100000008

〈풀이〉

3 계산 결과의 가운데 수가 6이므로 여섯째 곱셈식임을 알 수 있습니다.

6 계산 결과의 가운데 0이 7개이므로 일곱째 곱셈식임을 알 수 있습니다.

### 27ab

1 110, 10　　　　2 90, 5

3 440÷40=11, 540÷18=30

4 예 1980부터 330씩 작아지는 수를 60부터 10씩 작아지는 수로 나누면 그 몫은 33이 됩니다.

5 예 111, 222, 333……의 수를 3부터 3씩 커지는 수로 각각 나누면 그 몫은 37이 됩니다.

6 330÷10=33, 666÷18=37

### 28ab

1 예 63, 693, 6993……과 같은 규칙으로 자릿수가 늘어나는 수를 7로 나누면 그 몫은 9, 99, 999……와 같은 규칙으로 자릿수가 늘어나는 수가 됩니다.

2 699993÷7=99999

3 6999993÷7=999999

4 예 나누어지는 수가 11, 1111, 111111……처럼 두 자리씩 늘어날 때마다 11로 나눈 몫은 1, 101, 10101……처럼 1, 0이 번갈아 두 자리씩 늘어납니다.

5 1111111111÷11=101010101

6 111111111111÷11=10101010101

〈풀이〉

3 계산 결과가 999999로 여섯 자리 수이므로 여섯째 나눗셈식임을 알 수 있습니다.

6 계산 결과가 10101010101로 1이 6번 나오므로 여섯째 나눗셈식임을 알 수 있습니다.

**29ab**

1 예 1부터 시작하는 홀수를 차례로 2개, 3개, 4개……씩 더하면 그 합은 더하는 홀수의 개수를 2번 곱한 수가 됩니다.

2 $1+3+5+7+9+11=6\times6$

3 $1+3+5+7+9+11+13+15$

4 예 9, 98, 987……과 같이 자릿수가 늘어나는 수에 9를 곱하면 그 곱은 88, 888, 8888……과 같이 8이 하나씩 늘어난 수에서 7, 6, 5……와 같이 1씩 작아지는 수를 뺀 수가 됩니다.

5 $98765\times9=888888-3$

6 $88888888-1$

〈풀이〉

3 계산 결과가 8을 2번 곱한 수이므로 더하는 홀수는 8개임을 알 수 있습니다.

6 왼쪽 계산식의 곱해지는 수가 9876543으로 일곱 자리 수이므로 일곱째 계산식임을 알 수 있습니다. 따라서 일곱째 계산식의 오른쪽에는 $88888888-1$이 옵니다.

**30ab**

| | | |
|---|---|---|
| 1 ㄹ | 2 ㄴ | 3 ㄷ |
| 4 ㄹ | 5 ㄷ | 6 ㄴ |

〈풀이〉

1~3 ㉠ 일정한 수에 곱하는 수가 2배, 3배, 4배……로 커지면 두 수의 곱도 2배, 3배, 4배……로 커집니다.
㉡ 곱하는 수가 일정할 때 곱해지는 수가 2배, 3배, 4배……로 커지면 두 수의 곱도 2배, 3배, 4배……로 커집니다.

4~6 ㉠ 10씩 커지는 수에 11을 곱하면 그 곱은 110씩 커집니다.

**31ab**

1 $117+120=118+119$, $119+122=120+121$

2 3, 3, 3, 119　　3 $49+55=50+54$

4 3, 3, 49

〈풀이〉

1, 3 일정하게 커지는 수의 배열에서 ✕ 위치에 있는 두 수의 합(①③②④ 에서 ①+④와 ②+③)은 같습니다.

2, 4 일정한 수만큼 커지는 세 수의 합은 (가운데 수)×3과 같습니다.

**32ab**

1 예 $8+9+10=9\times3$, $9+10+11=10\times3$, $10+11+12=11\times3$

2 예 $8+22=15\times2$, $9+23=16\times2$, $10+24=17\times2$

3 규칙1. 2 / 6 / 23, 15, 2
규칙2. 3 / 14 / 15, 23, 1

4 13

〈풀이〉

1 $8+10=9\times2$, $9+11=10\times2$, $10+12=11\times2$ …… 등 이 외에도 여러 가지 규칙적인 계산식을 찾을 수 있습니다.

2 $12+19+26=19\times3$, $13+20+27=20\times3$, $14+21+28=21\times3$ 등도 규칙적인 계산식이 됩니다.

4 ✚ 안의 가로에서 찾을 수 있는 계산식: $12+13+14=13\times3$
✚ 안의 세로에서 찾을 수 있는 계산식: $6+20=13\times2$
⇨ $(12+13+14)+(6+20)=13\times5$
따라서 ✚ 안의 5개의 수의 합을 5로 나누면 13이 됩니다.

### 33ab

**1** 8 / $4+10=5+9$

**2** 14

**3** 예 ⑭ ⑲ ㉔ / $14+19+24=19\times3$

**4** 예 ① ⑥ ⑦ ⑧ ⑬
  / $1+7+13=6+7+8$

〈풀이〉

**3, 4** 예

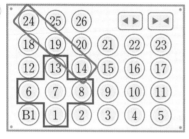

### 34ab

**1** 예 가로 배열에서 양옆의 두 수의 합은 가운데 수의 2배와 같습니다.

**2** 3 / 1212

**3** $430+540=440+530$

**4** 440

### 35ab

**1** 예 $110-12=98$ / $1110-123=987$
  / $11110-1234=9876$
  / $111110-12345=98765$

**2** 예 $1100\div2=550$ / $2200\div4=550$
  / $3300\div6=550$ / $4400\div8=550$

**3** $81\div3\div3\div3\div3=1$

**4** $20-5-5-5-5=0$

〈풀이〉

**1** 빼는 수를 98, 987, 9876, 98765로 하는 뺄셈식도 만들 수 있습니다.

**2** 나누는 수를 550으로 하는 나눗셈식도 만들 수 있습니다.

### 36ab

**1** 예 다음에 올 바둑돌의 모양과 수

**2** 예 바둑돌의 수가 2개, 3개, 4개……씩 아래에 한 줄로 더 늘어납니다.

**3**                    , 15

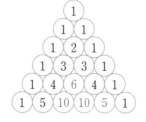

**4** 예 다음에 올 바둑돌의 모양과 수

**5** 예 바둑돌의 수가 4개, 8개, 12개……로 4개씩 늘어납니다.

**6** , 16

### 37ab

**1** 5, 7 / 9, 26    **2** 6, 8 / 10, 31

**3** 7, 9 / 11, 36

**4** 예 1부터 시작하여 ↘ 방향에 놓인 수들은 2, 3, 4……씩 커집니다. / 15

**5** 예 같은 줄에서 양 끝에 있는 수는 1이고, 윗줄의 두 수를 더하면 그 두 수 사이의 아랫줄의 수가 됩니다.

**38ab**

**1**

**2** ㉡ □을 중심으로 시계 방향으로 90°만큼씩 돌립니다.

**3**  **4**

〈풀이〉

**4**  에서 시작하여 시계 방향으로 돌아가며 1칸, 2칸, 3칸……씩 건너뛰는 규칙입니다.

여섯째　　일곱째

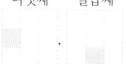

**39ab**

**1** 13, 15 / 82

**2** 例 1부터 시작하여 2, 4, 6……씩 커지는 규칙입니다. / 91

**3** 15, 7, 2, 5

**4**
| 11 | 19 | 27 |
|----|----|----|
| 12 | 20 | 28 |
| 13 | 21 | 29 |

〈풀이〉

**1** 65 다음에 올 수는 65보다 17 큰 수인 82입니다.

**2** 73 다음에 올 수는 73보다 18 큰 수인 91입니다.

**3** 5를 중심으로 ⤢ 방향 줄, ↔ 방향 줄에 있는 세 수의 합이 모두 같습니다.

**4** 20을 중심으로 ⤢ 방향 줄, ↔ 방향 줄에 있는 세 수의 합이 모두 같도록 빈칸을 채웁니다. 여기서 세 수의 합은
11+20+29=60입니다.
13+20+□=60 ⇨ □=27
19+20+□=60 ⇨ □=21
□+20+28=60 ⇨ □=12

**40ab**

**1**
| 14 | → | 7 | → | 22 | → | 11 |
|----|----|----|----|----|----|----|
| → | 34 | → | 17 | → | 52 | → |
| 26 | → | 13 | → | 40 | → | 20 |
| → | 10 | → | 5 | → | 16 | → |
| 8 | → | 4 | → | 2 | → | 1 |

**2**
| 15 | → | 46 | → | 23 | → | 70 |
|----|----|----|----|----|----|----|
| → | 35 | → | 106 | → | 53 | → |
| 160 | → | 80 | → | 40 | → | 20 |
| → | 10 | → | 5 | → | 16 | → |
| 8 | → | 4 | → | 2 | → | 1 |

**3** 풀이 참조

〈풀이〉

**3** 가장 큰 수가 가장 긴 우박수인 것은 아니지만 너무 작은 수보다는 어느 정도 큰 수가, 짝수보다는 홀수가 긴 우박수일 가능성이 큽니다. 이런 몇 가지 기준으로 우박수를 찾아가다 보면 50까지의 수 중 27이 112개로 가장 긴 우박수임을 알 수 있습니다.

27 → 82 → 41 → 124 → 62 → 31 → 94 →
47 → 142 → 71 → 214 → 107 → 322 → 161
→ 484 → 242 → 121 → 364 → 182 → 91
→ 274 → 137 → 412 → 206 → 103 → 310
→ 155 → 466 → 233 → 700 → 350 → 175
→ 526 → 263 → 790 → 395 → 1186 → 593
→ 1780 → 890 → 445 → 1336 → 668 →
334 → 167 → 502 → 251 → 754 → 377 →
1132 → 566 → 283 → 850 → 425 → 1276
→ 638 → 319 → 958 → 479 → 1438 → 719
→ 2158 → 1079 → 3238 → 1619 → 4858
→ 2429 → 7288 → 3644 → 1822 → 911
→ 2734 → 1367 → 4102 → 2051 → 6154
→ 3077 → 9232 → 4616 → 2308 → 1154
→ 577 → 1732 → 866 → 433 → 1300 →
650 → 325 → 976 → 488 → 244 → 122
→ 61 → 184 → 92 → 46 → 23 → 70 → 35
→ 106 → 53 → 160 → 80 → 40 → 20 →
10 → 5 → 16 → 8 → 4 → 2 → 1

### 성취도 테스트

1  534
2  ㉠ / 예 색칠된 두 수의 곱에서 일의
   자리 숫자를 쓴 것입니다.
3  243          4  1171
5

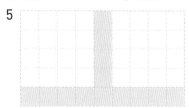

/ 예 1개부터 시작하여 위쪽, 오른쪽,
왼쪽으로 1개씩 늘어나는 규칙입니다.
6  예 12, 123, 1234……와 같은 규칙으
   로 자릿수가 늘어나는 수에 21, 321,
   4321……과 같은 규칙으로 자릿수가
   늘어나는 수를 더하면 그 합은 33,
   444, 5555……와 같은 규칙으로 자릿

수가 늘어나는 수가 됩니다.
   / 123456+654321=777777
7  ㉢                      8  2, 2, 2, 9
9                                , 15

10

3
3  3
3  6  3
3  9  9  3
3  12  18  12  3
3  15  30  30  15  3

〈풀이〉

1  가로는 오른쪽으로 100씩 커지는 규칙이고
   세로는 아래쪽으로 1씩 커지는 규칙이므로
   ★에는 533보다 1 큰 수인 534가 놓입니다.

3  3부터 시작하여 3씩 곱한 수가 오른
   쪽에 옵니다.

4  1231부터 시작하여 10, 20, 30……씩 작아
   지는 수가 오른쪽에 옵니다.

7  ㉠ 100씩 작아지는 수에서 100씩 작아지는
   수를 빼면 그 차는 같은 수가 됩니다.
   ㉡ 같은 수에서 100씩 작아지는 수를 빼면
   그 차는 100씩 커집니다.

8  1+2+3+8+9+10+15+16+17=9×9
       9×2
       9×2
       9×2
       9×2

9  바둑돌의 수가 2개, 3개, 4개……씩 아래
   에 한 줄로 더 늘어나는 규칙입니다.

10  같은 줄에서 양 끝에 있는 수는 3이고, 윗
    줄의 두 수를 더하면 그 두 수 사이의 아랫
    줄의 수가 되는 규칙입니다.